高职化工类

模块化系列教材

油库储油技术

王　强　主　编

王飞飞　王克玲　副主编

化学工业出版社

·北京·

内容简介

本书采用模块化教学设计，用4个模块系统介绍了油品转输与装卸作业、储罐及其附件作业、储油库生产事故处理以及储油库自动化应用等内容，涵盖了基础知识、实训操作以及仿真训练，着力培养学生的动手能力，有较强的针对性和实用性。

本书可作为高职高专石油化工技术、石油炼制技术等专业的教材，也可供从事油库储油及管理的技术人员参考及培训使用。

图书在版编目（CIP）数据

油库储油技术/王强主编．—北京：化学工业出版社，2021.7

ISBN 978-7-122-38924-4

Ⅰ．①油…　Ⅱ．①王…　Ⅲ．①储油-安全技术-高等职业教育-教材　Ⅳ．①TE88

中国版本图书馆CIP数据核字（2021）第066551号

责任编辑：提　岩　张双进　　　　文字编辑：崔婷婷　陈小滔

责任校对：李雨晴　　　　　　　　装帧设计：王晓宇

出版发行：化学工业出版社（北京市东城区青年湖南街13号　邮政编码100011）

印　　装：大厂聚鑫印刷有限责任公司

787mm×1092mm　1/16　印张 $11\frac{3}{4}$　字数280千字　2021年8月北京第1版第1次印刷

购书咨询：010-64518888　　　　售后服务：010-64518899

网　　址：http://www.cip.com.cn

凡购买本书，如有缺损质量问题，本社销售中心负责调换。

定　　价：36.00元

高职化工类模块化系列教材

编 审 委 员 会 名 单

序

目前，我国高等职业教育已进入高质量发展的时期，《国家职业教育改革实施方案》明确提出了“三教”（教师、教材、教法）改革的任务。三者之间，教师是根本，教材是基础，教法是途径。东营职业学院石油化工技术专业群在实施“双高计划”建设过程中，结合“三教”改革进行了一系列思考与实践，具体包括以下几方面：

1. 进行模块化课程体系改造

坚持立德树人，基于国家专业教学标准和职业标准，围绕提升教学质量和师资综合能力，以学生综合职业能力提升、职业岗位胜任力培养为前提，持续提高学生可持续发展和全面发展能力。将德国化工工艺员职业标准进行本土化落地，根据职业岗位工作过程的特征和要求整合课程要素，专业群公共课程与专业课程相融合，系统设计课程内容和编排知识点与技能点的组合方式，形成职业通识教育课程、职业岗位基础课程、职业岗位课程、职业技能等级证书（1＋X 证书）课程、职业素质与拓展课程、职业岗位实习课程等融理论教学与实践教学于一体的模块化课程体系。

2. 开发模块化系列教材

结合企业岗位工作过程，在教材内容上突出应用性与实践性，围绕职业能力要求重构知识点与技能点，关注技术发展带来的学习内容和学习方式的变化；结合国家职业教育专业教学资源库建设，不断完善教材形态，对经典的纸质教材进行数字化教学资源配套，形成“纸质教材＋数字化资源”的新形态一体化教材体系；开展以在线开放课程为代表的数字课程建设，不断满足“互联网＋职业教育”的新需求。

3. 实施理实一体化教学

组建结构化课程教学师资团队，把“学以致用”作为课堂教学的起点，以理实一体化实训场所为主，广泛采用案例教学、现场教学、项目教学、讨论式教学等行动导向教学法。教师通过知识传授和技能培养，在真实或仿真的环境中进行教学，引导学生将有用的知识和技能通过反复学习、模仿、练习、实践，实现“做中学、学中做、边做边学、边学边做”，使学生将最新、最能满足企业需要的知识、能力和素养吸收、固化成为自己的学习所得，内化于心、外化于行。

本次高职化工类模块化系列教材的开发，由职教专家、企业一线技术人员、专业教师联合组建系列教材编委会，进而确定每本教材的编写工作组，实施主编负责制，结合化工行业企业工作岗位的职责与操作规范要求，重新梳理知识点与技能点，把职业岗位工作过程与教学内容相结合，进行模块化设计，将课程内容按能力、知识和素质，编排为合理的课程模块。

本套系列教材的编写特点在于以学生职业能力发展为主线，系统规划了不同阶段化工类专业培养对学生的知识与技能、过程与方法、情感态度与价值观等方面的要求，体现了专业教学内容与岗位资格相适应、教学要求与学习兴趣培养相结合，基于实训教学条件建设将理论教学与实践操作真正融合。教材体现了学思结合、知行合一、因材施教，授课教师在完成基本教学要求的情况下，也可结合实际情况增加授课内容的深度和广度。

本套系列教材的内容，适合高职学生的认知特点和个性发展，可满足高职化工类专业学生不同学段的教学需要。

由于水平所限，不足之处在所难免，敬请批评指正。

高职化工类模块化系列教材编委会

2021 年 1 月

前言

本教材紧紧围绕高技能型应用人才的培养目标，对接德国职业标准、石油石化企业岗位标准以及教育部《高等职业学校专业教学标准》，严格按照石油石化企业工作岗位任务组织教学内容，涵盖了油品转输与装卸作业、储罐及其附件作业、储油库生产事故处理以及储油库自动化应用等必备知识。

教材采用模块化教学设计，服务于任务驱动式和理实一体化的教学，实现理论与实践相结合。全书共设置了4个模块，8个任务，以及体现职业教育教学特色的多个子任务。这种模块化教学模式，能够让学生先明确自己应该“做什么”，然后再学“怎么做”，符合职业教育的认知规律，有利于学生学习专业知识。模块化教学模式下的多样化教学方式，能够使学生多角度接纳知识、整合知识，提高学习力。

教材中的模块一、模块三以秦皇岛博赫科技开发有限公司设计的实训装置和仿真软件为基础，模拟某油库实际工作流程。装置模拟了油库日常工作任务及应急事故处理过程，部分流程以水为替代介质完成相应的操作及考核，部分使用电信号模拟数据实现相应的操作及考核，装置内主要包含储罐4个、输油泵4个、换热器2台、鹤管2架，其中4台泵两两为相互备用泵。装置配有相应的安全附件，以及为满足操作和考核设置的辅助系统。装置控制系统采用DCS集散控制系统，可以实现实际生产过程中可能发生的各种工况的仿真。模块二、模块四是在对胜利油田油气集输总厂进行调研的基础上，以东营职业学院油气储运实训室为平台，以现场工作任务为载体，完全根据生产现场，通过三维交互培训软件设计的工厂模型。学员可通过操作鼠标和键盘行走于虚拟工厂中，从感官和数据两方面真实了解实际生产现场各种设备的外观及生产流程。

本书由东营职业学院王强主编，王飞飞、王克玲副主编，孙士铸主审。模块一由王飞飞、刘圆圆、杨林、王彦、孟令建、刘炜编写，模块二由王克玲、刘家家、李猛、郑赛崇编写，模块三由王飞飞、王强、丁琴芳、张佳佳编写，模块四由王克玲、王强、周迎红、王久根编写。全书由王强统稿。秦皇岛博赫科技开发有限公司、山东新和成控股有限公司、杭州湾（上虞）绿色化工人才公共实训基地、中国石油化工股份有限公司胜利油田分公司胜利采油厂油气集输管理中心的技术人员为本书的编写提供了大量的帮助，在此一并表示感谢！

由于编者水平和实践经验所限，教材中不足之处在所难免，敬请广大读者批评指正！

编者
2021年3月

目录

目录

模块一

油品转输与装卸作业

油品转输与装卸作业是储油库最重要的日常操作之一，其中油品转输包括加温倒罐、付油、卸油以及人工检尺等操作；油品装卸作业包括铁路装卸、公路装卸、水路装卸等。为了保障储油库高效、稳定、安全生产，需要确保油品转输与装卸工艺的合理性与科学性，本模块将开展油品的转输操作教学，同时进行铁路、公路油品装卸的仿真训练。

任务一
储罐油品转输操作

子任务一 原油加温倒罐操作

任务描述

本任务设置为将原油储罐V-2001A倒罐至V-2001B，倒罐过程中对原油进行加温操作，热媒为80℃热水，详细流程图可扫描二维码附图1查看。

附图1

任务目标

知识目标

1. 了解油罐加热器，熟悉油罐搅拌器的使用。
2. 掌握原油加温倒罐流程图的识别方法。
3. 掌握原油加温倒罐流程的操作方法。

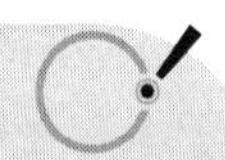

能力目标

1. 具备基本的计算机应用、语言文字表达能力。
2. 能借助词典阅读英文专业资料及说明书。
3. 能按要求进行正确的调度，以完成生产任务和生产指标。

素质目标

1. 能按要求正确着装，准确完成交接班记录。
2. 能将所学理论知识与实际生产相结合，具有理论联系实际的能力。
3. 能与团队协作，具有合理分工、信息交换的能力。

职业技术标准

一、职业标准

《油气输送工国家职业标准》（高级工）

二、技术标准

《常用化学危险品贮存通则》（GB 15603—1995）
《原油》（GB 36170—2018）

活动一　编制《原油加温倒罐标准化操作计划书》

一、操作要点

（1）为满足罐内物料存储要求，防止物料凝固，降低黏度，便于脱水，根据中控指令，对罐内物料进行加热，加热器使用介质为不小于0.4MPa的饱和蒸汽。

（2）物料存储温度最高不能超过80℃，具体可根据现场指令操作，一般存储温度应高于内存物料凝固点5～10℃。为保证油品加热均匀，必要时需开搅拌器。

（3）油罐液位低于加热器高度时，不准投用加热器，一般油罐液位至少要高于加热器500mm。

（4）加热器投用时，必须先将蒸汽进行排凝，防止造成水击现象，然后向加热器中通入少量蒸汽。

（5）加热过程中要注意检查加热器入口蒸汽压力、温度变化，出口疏水器工作情况，以便及时发现加热器故障，采取措施，防止发生物料的质量变化。

（6）加热过程中同时要检查罐内物料的温度、压力、液位等变化，防止出现冒油等事故。

（7）油罐加热期间，一旦发现疏水器带油，应立即停止加热，并将问题及时上报。

（8）对在加热油罐巡检时，要做好其相应记录。

（9）加热器停用时，先关闭蒸汽入口阀门，待乏汽及乏汽水没有后，再关闭出口阀门。必要时，可用压缩气体吹净乏汽及乏汽水，以减少腐蚀，防止水击。

（10）加热器关闭后，仍要对物料温度进行监控，以保证节省能源。

（11）对质量要求严格的物料，罐内应尽量保持较小的温度变化幅度，使物料与外界隔离，防止水分及杂质造成的质量变化。

二、编制《原油加温倒罐标准化操作计划书》

原油加温倒罐标准化操作计划书见表1-1。

表1-1　原油加温倒罐标准化操作计划书

计划作业日期	年　　月　　日	编号	
业务类型		业务累计	
操作类型		记录序号	
物料名称		作业数量	

流程描述：
A01：倒罐流程

◇ 倒罐结束后，是否执行C01通球流程，待部门另行通知。
C01：通球流程

操作要求：
（1）根据上述“流程描述”的要求执行倒罐作业。
（2）与计量员保持沟通，倒罐时严格控量。
安全提示：
（1）当班改通作业流程前，注意检查装船流程与泄压流程，避免发生串油、憋压等事故。
（2）当班控制好倒罐初始流速≤1m/s，防止发生事故。
（3）倒罐时与计量员加强配合，满足数质控制要求。
（4）作业过程中加强巡检。

（1）根据业务部需要，或根据生产要求，经业务部批准确认后，由业务部下达倒罐书面通知，明确货物转出罐编号、物料名称、转出数量、作业时间，货物转入罐编号、物料名称、转入数量以及其他需要注意的事项。

（2）操作前，对储罐本体及附件进行巡检。

（3）数质部确定倒罐量、做检尺操作，做好记录。

（4）库区司泵工根据作业计划书指令，关闭无关阀门，打通倒罐流程，检查并确认流程是否正确。

（5）开泵倒罐时要根据泵出口压力，控制出料速度，货物转罐初期，确认物料已经进入转入罐后，检查确认无泄漏后升至正常压力。

（6）货物转罐期间，中控室监控转入罐和转出罐液位，操作人员进行巡检，适时检查呼吸阀动作情况。

（7）转罐数量达到规定数量时，中控员通知现场司泵人员停泵并关闭阀门。当中控室无法确认货物转罐数量时，计量人员配合计量。

（8）需要转空货物时，中控室应适时通知操作人员开启储罐抽底阀门，关闭储罐出口根部阀门，调整泵出口压力，尽可能利用物料泵抽出货物。

（9）物料泵不能抽尽的罐底货物，用移动泵抽到小油车或管线内。

（10）根据计划书要求，将管道内的货物吹扫到转入罐内。

（11）货物转罐作业完成后，中控室记录货物转罐完成时间。

（12）转罐完毕后，数质部计量各罐货物数量，并将结果通知业务部。

三、注意事项

一般情况下，不允许罐内油品凝结，对已凝结的物料进行加温时，必须严格控制加温速度，温升不能太快，每2h测量一次底部温度。另外，值班经理可根据罐内油品温度梯度决定是否开搅拌器。一般，罐内上、中、下相邻点温度差大于1℃时，即可使用搅拌器搅拌。

活动二　编制《搅拌器设备作业指导书》

一、填写搅拌器设备铭牌

搅拌器设备铭牌表见表1-2。

表1-2　搅拌器设备铭牌表

序号	项目	参数	备注
1	型号/产地		
2	设计介质		
3	搅拌机转速		
4	叶轮直径		
5	排量		
6	电机功率		

二、搅拌器操作要点

（1）确认搅拌机已可靠接地。
（2）确认所有保护罩、盖均已安装妥当。
（3）确认所有可拆件均已安装妥当。
（4）确认已经详细阅读并严格执行操作维修说明书。
（5）确认搅拌机输出轴手盘活动自如。
（6）确认所有人员和其他设备均已脱离转动部件。
（7）确认所有外接电源、液、气等均已按使用标准和规范接通。

三、注意事项

（1）严禁设备空运转，组装后视情况可以水代料试车。
（2）严禁在搅拌器叶轮被固体埋住情况下启动搅拌机。
（3）确保开车运转前搅拌桨叶完全浸没在液体中，否则不可开车。

活动三　实施原油加温倒罐操作

附图 1

按照《原油加温倒罐标准化操作计划书》，遵守《搅拌器设备作业指导书》，完成将原油储罐 V-2001A 倒罐至 V-2001B，倒罐过程中对原油进行加温操作任务（热媒为 80℃热水），状态确认用（　）表示，操作过程用［　］表示，安全事项用〈　〉表示。详细流程图可扫描二维码附图 1 查看。

一、初始状态

倒罐作业操作卡如下。

倒罐作业操作卡

编号：＿＿＿＿＿　时间：＿＿年＿＿月＿＿日　　　　　岗位：＿＿＿＿＿

1. 收油罐准备

〈P〉——操作前导除人体静电。
（P）——确认收油罐。
〈P〉——确认收油罐的静电接地连接正常。
［P］——计量收油罐液位。
（P）——确认收油罐液位仪显示数据准确。
（P）——确认收油管线无泄漏。
（P）——确认收油罐阀门无渗漏。
（P）——确认收油罐无泄漏。
（P）——确认收油罐的内浮盘无损坏（呼吸阀运行正常）。

2. 发油罐准备

（P）——确认发油罐。
（P）——确认发油罐的内浮盘无损坏（呼吸阀运行正常）。

〈P〉——确认发油罐的消防设施正常。

〈P〉——确认发油罐的静电接地连接正常。

[P]——计量发油罐液位。

(P)——确认发油罐液位仪显示数据准确。

(P)——确认发油管线无泄漏。

(P)——确认发油罐阀门无渗漏。

3. 离心泵准备

(P)——确认泵处于无负载状态。

(P)——确认联轴器完好。

(P)——确认泵的仪表完好。

(P)——确认泵盘车灵活。

(P)——确认润滑部位润滑合格。

(P)——确认泵的出口阀关闭无渗漏。

(P)——确认泵的入口阀关闭无渗漏。

(P)——确认接地螺丝牢固。

(P)——确认具备送电条件。

[P]——打开泵入口阀。

[P]——打开泵出口阀。

[P]——打开泵过滤器排气阀门。

(P)——确认排气完毕。

[P]——关闭泵过滤器排气阀门。

(P)——确认泵体充满介质。

(P)——确认机械密封无泄漏。

状态 S_1
具备倒罐条件

二、原油加温倒罐操作步骤

班长——确认加温罐号。

班长——确认油品品种。

班长——确认油罐中油品油温。

班长——确认相关各罐的液位。

班长——通知罐区操作员开启 V-2001A 出口管线流程。

操作员甲——开启控制阀 XV1035。

操作员甲——开启控制阀 XV1036。

操作员甲——开启控制阀 XV1041。

操作员甲——开启控制阀 XV1040。

提示

如出现管线泄漏、阀门泄漏、发油罐内声音异常的情况，立即停止作业。

班长——通知泵区操作员开启 P-2001A 输油流程。

操作员乙——开启控制阀 XV1027。

操作员乙——打开控制阀 XV1021。

操作员乙——打开控制阀 XV1022。

操作员乙——打开控制阀 XV1023。

操作员乙——打开控制阀 XV1024。

操作员乙——打开控制阀 XV1025。

班长——通知泵区操作员开始转油加温操作。

操作员乙——开启泵 P-2001A。

操作员乙——当压力稳定后缓慢开启 XV1026。

操作员乙——开启热水进口控制阀 XV1019。

操作员乙——缓慢开启热水出口控制阀 XV1020。

班长——注意加温后的油罐各项工艺参数的变化，随时记录（转油期间各操作员进行岗位巡检）。

班长——当 V-2001B 温度达到 45℃时，调度员通知罐区操作员和泵区操作员加温转油完成，要求泵区操作员关停加温倒罐流程。

操作员乙——收到调度员通知后，操作员缓慢关闭控制阀 XV1026。

操作员乙——停泵 P-2001A。

操作员乙——关闭控制阀 XV1027。

操作员乙——关闭控制阀 XV1020。

操作员乙——关闭控制阀 XV1019。

提示

如果出现下列情况立即停泵：异常泄漏、振动异常、异味、异常声响、火花、烟气、电流持续超高。

班长——要求罐区操作员关闭加温倒罐控制流程。

操作员甲——关闭控制阀 XV1035。

操作员甲——关闭控制阀 XV1036。

操作员甲——关闭控制阀 XV1041。

操作员甲——关闭控制阀 XV1040。

班长——要求泵区操作员关闭加温换热器相关控制阀门。

操作员乙——关闭控制阀 XV1021。

操作员乙——关闭控制阀 XV1022。

操作员乙——关闭控制阀 XV1023。

操作员乙——关闭控制阀 XV1024。

操作员乙——关闭控制阀 XV1025。

班长——通知调度员加温倒罐流程已经关闭。

调度员——计算转油量。

图 1-1 为原油加温倒罐操作。

图 1-1　原油加温倒罐操作

三、填写操作记录表

油品加温倒罐操作记录表见表 1-3。

表 1-3　油品加温倒罐操作记录表

条件：V-2001A/B，储罐尺寸为 1800mm（直径）×2000mm（高），储存油品为原油，加温目标温度为 45℃				
工况信息确认（18 分）				得分：
倒油罐罐号（3 分）		接收罐罐号（3 分）		
油品（2 分）		油品（2 分）		
液位（2 分）		液位（2 分）		
油温（2 分）		油温（2 分）		
V-2001A 记录表（每分钟记录一次）（4 分）				得分：
时间	液位	温度	备注	
V-2001B 记录表（每分钟记录一次）（4 分）				
时间	液位	温度	备注	
转油总量（单位：L）（2 分）				得分：
总分				
调度员签字		操作员签字		

一、操作得分表

加温倒罐操作考核现场操作评分表见表1-4。

表1-4 加温倒罐操作考核现场操作评分表（6分）

考核项目	考核内容	考核记录	小项分值	小项扣分	本项得分
现场操作	在转油期间巡检情况，未巡检V-2001B罐区巡检点扣1分（共6个巡检点）	V-1001罐区巡检	1		
		V-2001A罐区巡检	1		
		V-2001B罐区巡检	1		
		V-3001罐区巡检	1		
		P-1001/P-3001泵区巡检	1		
		P-2001A/P-2001B泵区巡检	1		
	总分				

二、文明生产得分表

文明生产得分表见表1-5。

表1-5 文明生产得分表

序号	违规操作	考核记录	项目分值	扣分
1	按照石化行业有关安全规范，着工作服、手套，佩戴安全帽。未佩戴或佩戴不规范（安全帽未系带、工作服未系扣、外操进入装置操作时未戴手套）每项扣2.5分，扣满10分为止	时间：（　）安全帽佩戴不规范	2.5分	
		时间：（　）工作服穿戴不规范	2.5分	
		时间：（　）手套佩戴不规范	2.5分	
		时间：（　）其他配套劳保用具佩戴不规范	2.5分	
2	进入储油库操作前需提前触摸静电消除球，每次进入前未触摸扣5分，扣满20分为止	时间：（　）未触摸静电消除球	5分	
		时间：（　）未触摸静电消除球	5分	
		时间：（　）未触摸静电消除球	5分	
		时间：（　）未触摸静电消除球	5分	
3	保持现场环境整齐、清洁、有序，出现不符合文明生产的情况，每次扣10分（嬉戏，打闹，坐姿不端，乱扔废物，串岗等），扣满20分为止	时间：（　）嬉戏，打闹，坐姿不端，乱扔废物，串岗	10分	
		时间：（　）嬉戏，打闹，坐姿不端，乱扔废物，串岗	10分	

续表

序号	违规操作	考核记录	项目分值	扣分
4	内外操记录及时、完整、规范、真实、准确，弄虚作假每次扣10分，扣满50分为止	时间：(　　)	10分	
		时间：(　　)	10分	
		时间：(　　)	10分	
		时间：(　　)	10分	
		时间：(　　)	10分	
5	考核期间出现由于操作不当引起的设备损坏、人身伤害或着火爆炸事故，考核结束不得分；出现重大失误导致任务失败，考核结束不得分	时间：(　　)安全事故	100分	
		时间：(　　)重大失误	100分	

注：文明生产考核过程中根据操作员的违规操作逐项扣除，扣满100分为止，出现安全事故或者重大失误考核立即结束。最高得分100分，最低得分0分

考评员签字： 操作员签字：	扣分合计： 得分合计：

知识一　油罐加热器

由于我国大部分原油与重油的凝固点、黏度、含蜡量都较高，为了保证一定的储存温度，防止罐内油品凝结、析蜡，储存重油和原油的储罐一般都设置罐内加热器。油品储存温度，对于原油来说，一般应高于它的凝固点10～15℃，低于它的初馏点。

油罐加热器的分类如下。

按布置形式分：(1) 全面加热器；

(2) 局部加热器，收发油管附近。

按结构形式分：(1) 分段式加热器；

(2) 蛇管式加热器。

一、分段式加热器

1. 分段式加热器构造

如图1-2和图1-3所示，分段式加热器是用直径15～50mm的无缝钢管焊接而成。为便于安装、拆卸和修理，分段式加热器由若干个分段构件组成，每一个分段构件由2～4根平行的管与两根汇管连接而成。分段构件的横向汇管长度应小于500mm，使整个分段

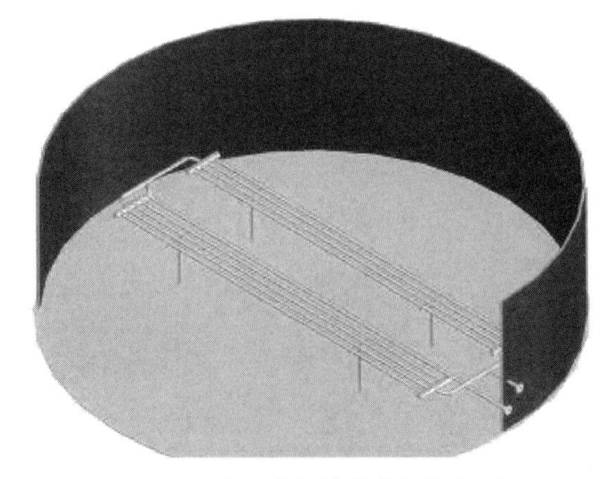

图1-2　分段式加热器内部结构图

构件可从油罐人孔进出，便于安装和检修。几个分段构件以并联-串联的形式连成一组，组的总数取偶数，对称布置在收发油管的两侧，每组都有独立的蒸汽进口和冷却水出口。

图 1-3　分段式加热器外部图

2. 分段式加热器使用

当某一组发生故障时，可单独关闭该组的阀门，其他各组继续进行加热作业。此外，分组还可以调节加热过程，根据加热作业的实际需要来选择开闭组数。

为了向各组分配蒸汽并收集冷凝水，在罐外装设蒸汽总管和冷凝水总管。罐内加热管及各分段管组的安装应有一定坡度，以便于排出冷凝水。由于分段管组的长度不大，蒸汽通过管组的摩擦阻力较小，它可以在较低的蒸汽压力下工作；此外，由于分段管组长度不大，还可使蒸汽管入口高度降低，这样就能使整个加热器放得较低，可以尽量减小加热器下面“加热死角”的体积。

二、蛇管式加热器

1. 蛇管式加热器构造及使用

如图 1-4 所示，蛇管式加热器是用一根钢管弯制而成的管式加热器，钢管直径通常为15～50mm。蛇管在油罐下部均匀分布。为了使管子在温度变化时能自由伸缩，用导向卡箍将蛇管安装在金属支架上。支架具有不同高度，使蛇管沿着蒸汽流动的方向保持一定的坡度，坡度要求比分段式加热器略小。

蛇管在罐内分布均匀，可提高油品的加热效果，这是它的优点。但蛇管加热器安装和维修均不如分段式加热器方便。每节蛇管的长度比分段式加热器每个分段的长度要长得多，因而蛇管加热器要求采用较高的蒸汽压力。

图 1-4　蛇管式加热器

2. 加热器的选用

分段式加热器在罐内平面上的加热分布不如蛇管式加热器均匀，加热效果也不如蛇管式好，管子的连接接头处焊口多，伸缩不便，容易造成管子接头处焊口损坏，发生蒸汽渗漏。对于润滑油等要求严格控制含水量的油品以及经常操作并需要长时间连续加热的油罐，最好采用蛇管式加热器。对于不要求严格控制含水量的油品以及进行间歇加热作业并需经常调节加热面积的油罐，适宜采用分段式加热器。

知识二　油罐搅拌器

一、搅拌器构造及作用

如图 1-5 所示，油罐搅拌器由搅拌推进器、电动机、变速器、密封装置、轴、桨叶组成。每台 1 万 m^3 的储罐安装 1 台搅拌器，每台 2.5 万 m^3 的储罐安装 2 台搅拌器。搅拌器轴心安装距离罐底板高度为 620mm。搅拌器的主要作用有：使罐内物料质量分布均匀，可用于油品调和；罐内油品加热时，可使温度均匀，防止局部过热。

图 1-5　油罐搅拌器

二、搅拌器工作过程

如图 1-6 所示，防爆电机和减速装置设在罐外，由支吊架支承，螺旋桨轴穿过带密封装置的法兰盖深入罐内，其端部装有直径为 355～835mm 的船用三叶螺旋桨。法兰盖用螺栓固定在罐壁下部的扩口法兰上。当电机带动螺旋桨旋转时，罐内油品受到螺旋桨的搅动，使罐内油品混合均匀，同时使罐内重质沉积物呈悬浮状态，以免堆积于罐底。

图 1-6　油罐搅拌器外部图

搅拌器的主要用途是进行油品调和或防止罐内沉积物的堆积，多用于需要调和的润滑油储罐等。侧向伸入式搅拌器主要由防爆电机、减速传动装置、支吊架及螺旋桨等组成。

知识三　油罐倒罐

一、设备及操作

主要设备包括：发油罐、发油泵、输油管线、收油罐。

根据生产的需要及储油的要求，通过输油泵、输油管线将某一油罐的油品倒入另一油罐。

二、异常情况处理

异常情况处理表见表1-6。

表1-6　异常情况处理表

现象	原因	处理方法
管线不通	阀门闸板脱落；倒油罐切换过程中，开阀不及时或未遵循先开后关的原则；管线冻结	从其他油罐阀跨线作业；维修阀门，及时开通倒油流程
发油罐瘪罐	呼吸阀盘冻结	及时清理呼吸阀盘，更换阀盘
收油罐胀罐	呼吸阀盘冻结	及时清理呼吸阀盘，更换阀盘

实践表明，倒罐线的数量应根据油品的种类、年发油量、罐容积及油泵发油速率等因素因地制宜地确定。请查阅相关资料，结合某油库的设计建设经验，探讨油库工艺中倒罐线设立的必要性及在施工中要注意的问题。

子任务二　储油库付油操作

任务描述

本任务为油品的付油操作，由内浮顶罐V-1001付油至“罐车”，详细流程图可扫描二维码附图1查看。

附图1

任务目标

知识目标

1. 了解储油库付油的工艺流程。
2. 熟悉储油库付油的稳定控制。
3. 掌握储油库付油的实际操作。

能力目标

1. 能够识读、绘制相关工艺流程图。
2. 能掌握典型油气储运设备操作与维护技能。
3. 具有根据仪表数据进行油气储运生产工况分析的能力。

素质目标

1. 能够积极学习新技能，具有查找资料和获取信息的能力。
2. 严格遵守工艺和劳动纪律，勤奋踏实，诚实守信。
3. 具有独立分析问题的能力。

职业技术标准

一、职业标准

《油气输送工国家职业标准》（高级工）

二、技术标准

《石油、石化和天然气工业用离心泵》（GB/T 3215—2019）
《离心泵名词术语》（GB/T 7021—2019）

活动一　编制《储油库付油标准化操作计划书》

一、储油库付油操作

（1）储油库付油总则：付油作业要做到“五要”——作业要联系，流程要核对，设备要检查，动态要掌握，计量要准确。

（2）接到调度付油指令后，要准确记录调度指令（包括时间、指令人、指令内容、接令人），详细了解付油品牌、罐号、动态内容、时间、付油量等内容，并与付油对方联系，做好记录，并进行复述确认。

（3）认真查看付油罐的检尺、油量、加温、质量及设备、管线使用情况等是否符合油品付油的要求。

（4）操作员与司泵员密切配合，对油罐、管线、机泵、阀门等有关设备进行认真检查，改好流程，做好付油的准备工作。

（5）待收、付双方准备好后进行收、付作业，开泵后要检查油品的付油情况是否正常。

（6）在付油过程中要随时检查油罐、管线、伴热线、泵和阀门等设备情况，并定时用检尺计量，双方核对付油量，发现问题及时汇报处理。

（7）严格执行计量仪表两小时巡测制度，以便及时掌握生产动态。在没有计量仪表或计量仪表失灵的岗位，要认真执行不动罐八小时、动罐四小时检尺制度。

（8）油罐进油不得超过安全高度，内浮顶油罐付油不得低于允许最低液位。油罐快收满及要付空时，收付双方要加强联系，及时检查，岗位不得离人。收满或付完时，先停泵后关阀。中间切换油罐时，先开后关。

（9）付油作业完成后，和对方联系，并做好停泵、关阀和有关管线的处理及检查工作，按规定要求计量、对量，做好有关记录。

二、油品付油过程中的注意事项

（1）付油作业前，必须先有调度指令，并与付油对方联系，没有回复指令或未与对方联系，不得进行付油作业。

（2）原料油付装置时，付油前必须脱去罐内明水，以防影响装置正常操作。

（3）油品装车出厂前必须检查油罐的脱水情况后，再进行装车，以免影响产品质量。

（4）重质油品进行付油作业时，先开伴热暖线、暖泵，付油作业完成后应及时对所有管线、机泵进行处理，防止冻结事故。

（5）输送的油温不得超过规定的控制范围，否则必须采取加温或降温措施。

（6）在付油工作中，要认真做好各种记录，加强与对方的联系，发现问题及时汇报处理。

（7）在付油过程中，要遵循油罐、油位、油温四小时记录一次制度，要做到数据真实可靠。

（8）在付油过程中，要加强对与付油管线相连的其他油罐设施的检查。

三、编制《储油库付油标准化操作计划书》

储油库付油标准化操作计划书见表1-7。

表1-7 储油库付油标准化操作计划书

计划作业日期	年 月 日	编号	
业务类型		业务累计	
操作类型		记录序号	
物料名称		作业数量	

流程描述：
A01：付油流程

◇ 付油结束后，是否执行C01通球流程，待部门另行通知。
C01：通球流程

操作要求：
（1）根据上述“流程描述”的要求执行付油作业。
（2）与计量员保持沟通，付油时严格控量。
安全提示：
（1）当班改通作业流程前，注意检查装船流程与泄压流程，避免串油、憋压等事故。
（2）当班控制好付油初始流速≤1m/s，防止发生事故。
（3）付油时与计量员加强配合，满足数质控制要求。
（4）作业过程加强巡检。

活动二 付油稳定控制

1. 油罐付油操作

油罐付油操作是指油罐按每天所要求的付出油品对付油罐的正常操作。

2. 控制范围

油罐。

3. 控制目标

付油系统运行平稳，不发生错付油、混油、串油，正常情况各罐油品不得低于下限，防止管线付空及浮盘托起造成油品损耗。防止储油罐被抽瘪。

4. 相关参数

工艺流程、呼吸阀。

5. 控制方式

油罐付油主要是根据付油系统要求，调整付油罐阀门开度，付油系统运行平稳。

6. 正常操作

（1）油罐付油操作，以保证付油装车作业平稳为主。

（2）由于生产作业的连续性，油罐的切换操作存在于油罐的付油作业中。

（3）付油过程中，油罐切换遵循阀门先开后关的原则。

7. 异常情况处理

异常情况处理表见表 1-8。

表 1-8　异常情况处理表

现象	原因	处理
管线付空	付油罐切换过程中，开阀不及时或未遵循先开后关的原则	及时开通付油流程
管线不通	阀门闸板脱落	从其他油罐阀跨线作业，维修阀门，关闭管线阀门和罐根阀门
付油罐瘪罐	呼吸阀盘冻结	及时清理呼吸阀盘
油罐液位低	未及时切换油罐	及时切换油罐，特殊情况向付油罐压油

8. 注意事项

付油稳定，防止混油、串油，正常情况下各罐油品液面不得低于下限，防止管线付空及浮盘托起造成油品损耗。适度调整付油罐阀门开度，严格监控液位变化，防止低于低液位安全限制。付油控制系统是成品油库管理工作中一项重要的内容，通过自动付油控制系统的应用，能够有效地提高油库管理的效率。根据不同的装车工艺，付油系统通常可以分为单泵对单鹤位和多泵对多鹤位两种。

在单泵对单鹤位控制系统中，不同的鹤位都应用了不同的控制器和流量计。在系统中设定了相应的油品装车量之后，通过控制器的作用对装车泵和流量计发出信号，当信号到达相应的位置时，各个设备就会启动，按照不同的装车量要求发出显影的控制信号，以此实现自动付油。一般的控制器分为两个阶段，一个阶段是大流量付油，另一个阶段是小流量付油，通常是在开始装车时进行大流量付油，当油量逐渐接近装车量的要求时，就会转为小流量付油，直到达到装车量的要求。

在库容较大，需要加油鹤位较多的成品油库，也可以采用多泵对多鹤位的控制系统，其主要通过一根母线实现多个鹤位的连接。多泵对多鹤位的控制系统有一定的缺陷，装车泵与装车鹤位需要分离，在装车的过程中，每个鹤位的车辆容量和装车控制阀的开关时间存在差异，而且数控阀是分两个阶段操作的，所以在控制器内部需要预先对阀门关闭的时间进行设定，而且设定后不能调整。

活动三　编制《设备作业指导书——离心泵》

一、填写离心泵设备铭牌表

离心泵设备铭牌表见表 1-9。

表 1-9　离心泵设备铭牌表

序号	项目	规格参数	备注
1	型号/产地		
2	设计介质		
3	搅拌机转速		
4	叶轮直径		
5	排量		
6	电机功率		

二、操作要点

1. 控制范围

卸油泵和发油泵。

2. 控制目标

离心泵设备部件工作正常，收发油作业安全运行。

3. 控制参数

机械密封后泄漏量不应大于 5mL/h，滑动轴承温度不应大于 70℃，滚动轴承温度不应大于 80℃。

4. 正常操作

（1）开泵前认真检查各部位连接情况，打开吸入阀、真空表、压力表开关和管线的有关阀门、排出阀，关闭与作业无关的阀门。

（2）开泵运行中做到一看、二摸、三听。

（3）先关泵出口阀，后停泵，然后再关入口阀。

5. 离心泵操作要点

（1）确认离心泵已可靠接地。

（2）确认所有保护罩、盖均已安装妥当。

（3）确认所有可拆件均与离心泵安装妥当。

（4）确认已经详细阅读并严格执行操作维修说明书。

（5）确认离心泵输出轴手盘活动自如。

（6）确认所有人员和其他设备均已脱离转动部件。

（7）确认所有外接电源、液、气等均已按使用标准和规范接通。

三、注意事项

（1）严禁设备空运转，组装后视情况可以水代料试车。

（2）严禁在离心泵叶轮被固体埋住情况下启动离心泵。

活动四　付油损耗控制

导致付油损耗的原因有：

（1）油罐阀门不严，泄漏不断。

（2）机泵、管线、人孔连接部位螺栓松动，因丝口不严而发生滴漏。

（3）设备运转部位填料压得不紧，因偏斜或磨损引起泄漏。

（4）油罐、油桶或管线焊口开裂，因腐蚀穿孔引起泄漏。

（5）油品灌装完，取出鹤管（胶管或装油管嘴），导致管内残存油品的滴洒。

（6）在储存、转输、销售黏度较大的油品过程中，由于装卸条件差，油温低，黏附力强，油品常黏附于车船与桶的内壁或浸润于容器及工具上，余油不能卸净，容器不能清理干净，这种损耗叫黏附、浸润损耗。

（7）油罐内液面过低造成的蒸发损耗。

（8）油罐附属设备不严密。

（9）自用油、回灌油管理漏洞造成了油品损失。

付油损耗控制原因及处理方法如表 1-10 所示。

表 1-10　付油损耗控制表

现象	原因	处理方法
管线付空	付油罐切换过程中，开阀不及时或未遵循先开后关的原则	及时开通付油流程
管线不通	阀门闸板脱落	从其他油罐阀跨线作业，维修阀门，关闭管线阀门和罐根阀门
付油罐瘪罐	呼吸阀盘冻结	及时清理呼吸阀盘
油罐液位低	未及时切换油罐	及时切换油罐，特殊情况向付油罐压油

活动五　实施储油库付油操作

储油库付油作业操作卡如下。

付油作业操作卡

编号：＿＿＿＿＿＿　时间：＿＿年＿＿月＿＿日　　岗位：＿＿＿＿＿

提示卡

计量员按付油员提供的各鹤位所发油品需要，开通相应流程，提供各油品密度，并和付油员共同复核检查开通是否正确。雷雨时停止发油。

初始状态

各鹤位所对应的油品流程已开通，电源已接通，泵已加注润滑油并盘车。

一、人员初始状态

操作员——按照工艺参数确定各罐的储油温度范围正常。

操作员——确认采分系统完好。

操作员——确认油罐工艺温度低于储存温度。

操作员——确认所有阀门均为关闭状态。

操作员——确认辅助物品的配备完好齐全（安全帽、手套、对讲机、F 型扳手、球阀扳手等)。

操作员——确认并调整巡检牌的初始状态。

二、储油库付油操作

详细流程图可扫描二维码附图1查看。

附图1

班长——确认加温罐号。

班长——确认油品品种。

班长——确认油罐中油品油温。

班长——确认油罐中油品液位。

操作员甲——设备操作员将罐车静电线接地，检查罐车出口阀是否关闭。

班长——通知罐区操作员和泵区操作员付油操作即将开始，要求罐区操作员开启付油流程。

操作员甲——打开付油罐的罐根阀门XV1010。

操作员甲——开启控制阀XV1003。

操作员甲——开启控制阀XV1052。

操作员甲——开启控制阀XV1050，开度约1/3。

操作员甲——开启控制阀XV1057。

班长——要求泵区操作员开启付油流程。

操作员乙——打开控制阀XV1013。

操作员乙——开启输油泵P-1001。

操作员乙——当泵P-1001的泵后压力达到0.2MPa以上，并且稳定后缓慢开启泵后阀XV1014。

班长——调度员调节调节阀开度(先手动调节至1.8m^3/h左右后改为自动控制，由系统自行完成)，开始付油。总付油量150L。

操作员甲/乙——按照规定付油后进行流程的复查工作(定点巡查)。

班长——注意付油后的油罐各项工艺参数的变化并记录(约1min一次)。

班长——通过设定流量参数(付油150L)确认付油是否完成，完成后通知罐区操作员和泵区操作员完成付油，要求泵区操作员关停输油泵。

操作员乙——缓慢关闭控制阀XV1014。

操作员乙——关闭输油泵P-1001。

操作员乙——关闭控制阀XV1013。

班长——当V-2001B温度达到45℃时，调度员通知罐区操作员和泵区操作员加温转油完成，要求泵区操作员关停加温倒罐流程。

班长——要求罐区操作员关闭付油流程。

操作员甲——关闭控制阀XV1057。

操作员甲——关闭油罐阀门XV1010。

操作员甲——关闭控制阀XV1003。

操作员甲——关闭控制阀XV1052。

操作员甲——关闭控制阀XV1050。

操作员甲——收油后罐车操作（检尺、断开静电接地线），计算收油值检尺，并报告调度员检尺。

三、操作结束

［P］——填写《油品付油登记表》。

（P）——确认油品实际发油数量。

四、填写操作记录表

储油库付油操作记录表见表 1-11。

表 1-11　储油库付油操作记录表

<table>
<tr><td colspan="5">条件：V-1001，储罐尺寸为 1800mm（直径）×2000mm（高），储存油品为汽油，付油设定值为 290L</td></tr>
<tr><td colspan="4">工况信息确认（14 分）</td><td rowspan="7">得分：</td></tr>
<tr><td>付油罐罐号（3 分）</td><td colspan="3"></td></tr>
<tr><td>付油品类型（2 分）</td><td colspan="3"></td></tr>
<tr><td>油温（2 分）</td><td colspan="3"></td></tr>
<tr><td>付油前液位（2 分）</td><td colspan="3"></td></tr>
<tr><td>付油后液位（2 分）</td><td colspan="3"></td></tr>
<tr><td>付油总量（3 分）</td><td colspan="3"></td></tr>
<tr><td colspan="4">V-1001 记录表（每分钟记录一次，且需进行截屏操作）（4 分）</td><td rowspan="9">得分：</td></tr>
<tr><td>时间</td><td>液位</td><td>温度</td><td>备注</td></tr>
<tr><td></td><td></td><td></td><td></td></tr>
<tr><td></td><td></td><td></td><td></td></tr>
<tr><td></td><td></td><td></td><td></td></tr>
<tr><td></td><td></td><td></td><td></td></tr>
<tr><td></td><td></td><td></td><td></td></tr>
<tr><td></td><td></td><td></td><td></td></tr>
<tr><td></td><td></td><td></td><td></td></tr>
<tr><td colspan="4">总分</td><td></td></tr>
<tr><td>调度员签字</td><td colspan="2"></td><td>操作员签字</td><td></td></tr>
</table>

一、操作得分表

油品付油操作考核现场操作得分表见表 1-12。

表 1-12　油品付油操作考核现场操作得分表（18 分）

考核项目	序号	考核内容	考核记录	小项分值	小项扣分	本项得分
付油前罐车操作	1	油罐车接静电线	油罐车接静电线（　）	4		
	2	收油前罐车出口阀检车	开启罐车出口阀（　）	2		
现场操作	3	在转油期间巡检情况，未巡检 1 处扣 1 分（共 6 个巡检点）	V-1001 罐区巡检（　）	1		
			V-2001A 罐区巡检（　）	1		
			V-2001B 罐区巡检（　）	1		
			V-3001 罐区巡检（　）	1		
			P-1001/P-3001 泵区巡检（　）	1		
			P-2001A/P-2001B 泵区巡检（　）	1		
付油后罐车操作	4	收油后罐车检尺	收油后罐车检尺（　）	4		
	5	断开静电接地线	断开静电接地线（　）	2		

二、文明生产得分表

文明生产得分表见表 1-13。

表 1-13　文明生产得分表

序号	违规操作	考核记录	项目分值	扣分
1	按照石化行业有关安全规范，着工作服、手套，佩戴安全帽。未佩戴或佩戴不规范（安全帽未系带、工作服未系扣、外操进入装置操作时未戴手套）每项扣 2.5 分，扣满 10 分为止	时间：（　）安全帽佩戴不规范	2.5 分	
		时间：（　）工作服穿戴不规范	2.5 分	
		时间：（　）手套佩戴不规范	2.5 分	
		时间：（　）其他配套劳保用具佩戴不规范	2.5 分	
2	进入储油库操作前需提前触摸静电消除球，每次进入前未触摸扣 5 分，扣满 20 分为止	时间：（　）未触摸静电消除球	5 分	
		时间：（　）未触摸静电消除球	5 分	
		时间：（　）未触摸静电消除球	5 分	
		时间：（　）未触摸静电消除球	5 分	
3	保持现场环境整齐、清洁、有序，出现不符合文明生产的情况，每次扣 10 分（嬉戏，打闹，坐姿不端，乱扔废物，串岗等），扣满 20 分为止	时间：（　）嬉戏，打闹，坐姿不端，乱扔废物，串岗	10 分	
		时间：（　）嬉戏，打闹，坐姿不端，乱扔废物，串岗	10 分	
4	内外操记录及时、完整、规范、真实、准确，弄虚作假每次扣 10 分，扣满 50 分为止	时间：（　）	10 分	
		时间：（　）	10 分	
		时间：（　）	10 分	
		时间：（　）	10 分	
		时间：（　）	10 分	

续表

序号	违规操作	考核记录	项目分值	扣分
5	考核期间出现由于操作不当引起的设备损坏、人身伤害或着火爆炸事故，考核结束不得分；出现重大失误导致任务失败，考核结束不得分	时间：(　　)安全事故	100分	
		时间：(　　)重大失误	100分	
注：文明生产考核过程中根据操作员的违规操作逐项扣除，扣满100分为止，出现安全事故或者重大失误考核立即结束；最高得分100分，最低得分0分				
考评员签字： 操作员签字：		扣分合计： 得分合计：		

知识一　储油库离心泵

一、离心泵内部构造

图1-7为离心泵的内部构造，主要包括蜗壳形的泵壳、泵轴、叶轮、吸水管、压水管、底阀、控制阀门、灌水漏斗和泵座。

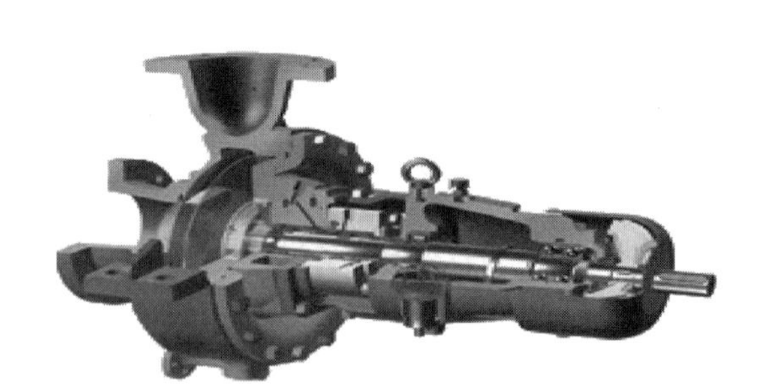

图1-7　离心泵内部构造

二、离心泵工作原理

离心泵是利用叶轮旋转而使水产生的离心力来工作的。离心泵在启动前，必须使泵壳和吸水管内充满水，然后启动电机，使泵轴带动叶轮和水做高速旋转运动，水在离心力的作用下，被甩向叶轮外缘，经蜗形泵壳的流道流入泵的压水管路。离心泵叶轮中心处，由于水在离心力的作用下被甩出后形成真空，吸水池中的水便在大气压力的作用下被压进泵壳内，叶轮通过不停地转动，使得水在叶轮的作用下不断流入与流出，达到了输送水的目的。

知识二　稠油螺杆泵

一、螺杆泵应用

如图 1-8 所示，螺杆泵是一种依靠泵体与螺杆所形成的啮合空间容积变化和移动来输送液体或使之增压的回转泵，对高黏度、高气液比、含砂流体适应性好。

图 1-8　稠油螺杆泵

二、螺杆泵组成部件

螺杆泵主要由泵壳、螺杆、轴承、轴封等部件组成，能输送高固体含量的介质；流量均匀压力稳定，低转速时更为明显；流量与泵的转速成正比，具有良好的变量调节性；一泵多用，可以输送不同黏度的介质；泵的安装位置可以任意倾斜；适合输送敏感性物品和易受离心力等破坏的物品；体积小，重量轻、噪声低，结构简单，维修方便。

知识三　油库公路付油流程

1. 检查手续

油罐车在进入付油区前在门岗口进行登记，汽车排气管安装防火罩，并接受门卫或安全员的检查。

2. 准备

（1）付油员检查设施，将工具器材和消防器材就位，做好付油前的一切准备。

（2）计量员提供《付油联》，经油库主任审核，交分提员和付油员，作为当日付油依据。

3. 灌装油品

（1）油罐车按规定路线驶入付油现场，停在指定的鹤位，将《油品分提单（付油联）》交给付油人员核实。

（2）连接静电接地线及放置挡车标志，打开罐口，将鹤管插入油罐底部，用石棉被盖好罐口。同时要检查罐内是否有残油，罐车卸油阀是否关闭。

（3）打开阀门向油罐车灌油。半自动或自动灌装油系统按付油联数量设定。

（4）装至规定数量后，关闭阀门，静置 1min 后，揭去罐口石棉被，取出鹤管，关闭罐口，拆除静电接地线。

（5）油罐车开至指定“升进升出”计量区，静置 15min 后，计量员检测油品密度、温度等换算 V20 数，填写《油库散装油品 V20 付油随车运单》交与押运员。付油员填写完成《油库付油记录》。

4. 汽车离开现场

装油结束后，押运员持《油品分提单（出库联）》出库，将汽车开至门岗口，交回防火罩与出库联，警消门卫填写出库登记。

随着我国市场经济的蓬勃发展，油品的需求量也在急剧增长。油库是协调石油生产以及油料输运的纽带，担负着油料存储和销售的任务，在油品的市场供应中起着至关重要的作用。就目前情况来看，油库面临着诸多问题，如：现有的工艺流程落后，库容太小，周转量不够，自动化水平低，操作复杂，发油精度低等。请查阅资料，选取附近的油库作为研究对象，分析其现有的设备设施状况，结合油库所处位置的现场环境，提出整改建议。

子任务三　储油库卸油操作

任务描述

本节任务为油品的储油库卸油操作，由“罐车”卸油至外浮顶罐V-2001A。详细流程图可扫描二维码附图1查看。

附图1

任务目标

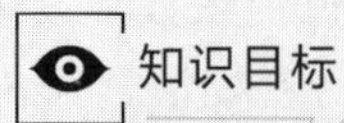

1. 了解储油库卸油流程。
2. 熟悉储油库卸油的安全高度。
3. 掌握储油库罐车卸油至外浮顶罐的流程操作。

能力目标

1. 能正确地对压力、流量、物位和温度等主要参数进行调校。

2. 能正确对控制阀参数进行调校。

3. 具有化工仪表操作与维护能力，能进行DCS（集散型控制系统）操作。

素质目标

1. 培养学生谦虚、好学的能力。

2. 培养学生勤于思考、做事认真的良好作风。

3. 培养学生自学能力与自我发展能力。

职业技术标准

一、职业标准

《油气输送工国家职业标准》（高级工）

二、技术标准

《离心泵、混流泵、轴流泵与旋涡泵系统经济运行》（GB/T 13469—2008）
《离心泵、混流泵和轴流泵　汽蚀余量》（GB/T 13006—2013）

活动一　编制《储油库卸油标准化操作计划书》

一、操作要点

（1）储油库卸油作业前，必须先有调度指令，并与收付对方联系，没有回复指令或未与对方联系情况下，不得进行储油库卸油作业。

（2）原料油储油库卸油装置，储油库卸油前必须脱去罐内明水，以防影响装置正常操作。

（3）油品进厂前必须检查油罐的脱水情况，再进行卸车，以免影响产品质量。

（4）重质油品进行储油库卸油作业时，先开伴热暖线、暖泵，储油库卸油作业完成后应及时对所有管线、机泵进行处理，防止凝冻事故。

（5）输送的油温不得超过规定的控制范围，否则必须采取加温或降温措施。

（6）在储油库卸油工作中，要认真做好各种记录，加强与对方的联系，发现问题及时汇报处理。

（7）在储油库卸油过程中，要遵循油罐、油位、油温四小时记录一次制度，要做到数据真实可靠。

（8）在储油库卸油过程中，要加强对与储油库卸油管线相连的其他油罐设施的检查。

二、编制《储油库卸油标准化操作计划书》

储油库卸油标准化操作计划书见表1-14。

表1-14　储油库卸油标准化操作计划书

计划作业日期	年　　月　　日	编号	
业务类型		业务累计	
操作类型		记录序号	
物料名称		作业数量	

流程描述：
A01：储油库卸油流程

◇ 储油库卸油结束后，是否执行C01通球流程，待部门另行通知。
C01：通球流程

操作要求：
(1)根据上述"流程描述"的要求执行储油库卸油作业。
(2)与计量员保持沟通，储油库卸油时严格控量。
安全提示：
(1)当班打通作业流程前，注意检查装船流程与泄压流程，避免出现串油、憋压等事故。
(2)当班控制好储油库卸油初始流速≤1m/s，防止发生事故。
(3)储油库卸油时与计量员加强配合，满足数质控制要求。
(4)作业过程加强巡检。

活动二　卸油油罐安全液位控制

一、卸油油罐安全液位控制操作

1. 安全液位描述

油罐安全液位是指油罐储油的最高限位。内浮顶罐最高限位是指罐壁通气孔以下，预留油品季节膨胀油空间及泡沫灭火覆盖高度的存油最高高度。拱顶油罐最高限位是指罐壁板高度以下，预留油品季节膨胀油空间及泡沫灭火覆盖高度的存油最高高度。

2. 控制范围

油罐。

3. 控制目标

油罐收油不得高于最高限位，油罐收油与储存期间不发生溢油，不影响油罐泡沫灭火。

4. 正常操作

（1）油罐收油前准确计量核算油罐可接收量。

（2）对收油液位、浮盘进行监控。

（3）收油罐油位达到油罐最高液位前，关闭油罐阀门。

5. 异常情况处理

异常情况处理表见表1-15。

表1-15　异常情况处理表

现象	原因	处理方法
打开收油流程后，收油罐液位不增长	收油罐流程未打开	检查收油罐流程并打开
油罐切换后，原收油罐液位继续增长	切换罐流程未打开	检查切换罐流程并打开
收油作业过程中，收油罐液位超过最高液位	切换同品种油罐流程	检查切换罐流程并打开

二、安全高度控制表制定

安全高度控制表见表1-16。

表1-16　安全高度控制表

<table>
<tr><td>日期</td><td colspan="2"></td><td>时间</td><td></td><td>编号</td><td colspan="2"></td></tr>
<tr><td rowspan="2"></td><td colspan="2">□收□发油前尺/mm</td><td>□上升/mm</td><td colspan="2">□收□发油后尺/mm</td><td rowspan="2">罐号</td><td rowspan="2">备注</td></tr>
<tr><td>实际高度</td><td>雷达高度</td><td>□下降/mm</td><td>实际高度</td><td>雷达高度</td></tr>
<tr><td></td><td></td><td></td><td></td><td></td><td></td><td></td><td></td></tr>
<tr><td></td><td></td><td></td><td></td><td></td><td></td><td></td><td></td></tr>
<tr><td></td><td></td><td></td><td></td><td></td><td></td><td></td><td></td></tr>
<tr><td></td><td></td><td></td><td></td><td></td><td></td><td></td><td></td></tr>
<tr><td>制单人</td><td colspan="2"></td><td>复核人</td><td colspan="2"></td><td>接收人</td><td></td></tr>
</table>

活动三　编制《设备作业指导书——滑片泵》

一、填写滑片泵设备铭牌表

滑片泵设备铭牌表见表1-17。

表 1-17 滑片泵设备铭牌表

序号	项目	规格参数	备注
1	型号/产地		
2	设计介质		
3	滑片泵转速		
4	叶轮直径		
5	排量		
6	电机功率		

二、填写滑片泵设备作业指导书

滑片泵设备作业指导书见表 1-18。

表 1-18 滑片泵设备作业指导书

<table>
<tr><td>（公司名称）</td><td>文件名称</td><td colspan="3">设备作业指导书——滑片泵</td></tr>
<tr><td>作业指导书</td><td>文件编号</td><td>××××-001</td><td>制作日期</td><td></td></tr>
<tr><td colspan="5">一、工作前

二、工作中

三、工作后</td></tr>
<tr><td colspan="5">操作注意事项：
(1)确认滑片泵已可靠接地。
(2)确认所有保护罩、盖均已安装妥当。
(3)确认所有可拆件均与滑片泵安装妥当。
(4)确认已经详细阅读并严格执行操作维修说明书。
(5)确认滑片泵输出轴手盘活动自如。
(6)确认所有人员和其他设备均已脱离转动部件。
(7)确认所有外接电源、液、气等均已按使用标准和规范接通。
安全注意事项：
(1)作业人员要严格遵守安全规定和交接班制度，防止发生事故。
(2)未经许可严禁非司泵员操纵设备。
(3)泵内安全阀不能用作系统控制阀。
(4)泵棚与站台、罐区等作业点人员应及时联络(见手势规定)，以保作业顺利进行。</td></tr>
</table>

活动四 实施储油库卸油操作

附图 1

依据《储油库卸油标准化操作计划书》，考核设置为三人操作考核，角色分别为调度员——M 和罐区操作员——P1，泵区操作员——P2。状态确认用（ ）表示，操作过程用［ ］表示，安全事项用〈 〉表示。详细流程图可扫描二维码附图 1 查看。

一、初始状态

（M）——按照工艺参数确定各罐的储油温度范围正常。

(M)——确认采分系统完好。

(M)——确认油罐工艺温度低于储存温度。

(M)——确认所有阀均为关闭状态。

(M)——确认辅助物品的配备完好齐全(安全帽、手套、对讲机、F型扳手、球阀扳手等)。

(M)——确认并调整巡检牌的初始状态。

二、储油库卸油加热倒罐实训操作步骤

(M)——确认储油库卸油罐号。

(M)——确认油品品种。

(M)——确认油罐中油品液面高度。

(M)——确认油罐中油品油温。

[P1]——将罐车静电线接地。

[P1]——卸油前罐车操作(检尺、检查软管连接、开启罐车出口阀、开启储油库卸油球阀)。

[M]——通知罐区操作员和泵区操作员准备卸油,要求罐区操作员开启卸油流程。

[P1]——打开储油库卸油油罐的罐根阀门XV1033。

[P1]——打开控制阀XV1034。

[P1]——打开控制阀XV1002。

[P1]——开启控制阀XV1001。

[M]——要求泵区操作员开启卸油流程。

[P2]——打开控制阀XV1025。

[P2]——打开控制阀XV1027。

[P2]——打开控制阀XV1017。

[P2]——开启油泵P-2001A。

[P2]——当压力表达到0.2MPa以上时,缓慢开启控制阀XV1026。

[M]——注意储油库卸油后的油罐各项工艺参数的变化并记录。

[P1/P2]——储油库卸油开始后检查储油库卸油管程中的管线阀门有无泄漏情况(定点巡查)。

[M]——调度员确认储油库卸油完成,通知罐区操作员和泵区操作员储油库卸油完成,要求泵区操作员停泵。

[P2]——缓慢关闭控制阀XV1026。

[P2]——停泵P-2001A。

[P2]——关闭控制阀XV1027。

[P2]——关闭控制阀XV1017。

[P2]——关闭控制阀XV1025。

[M]——要求罐区操作员停储油库卸油流程。

[P1]——关闭油罐阀门XV1033。

[P1]——关闭控制阀XV1001。

[P1] ——关闭控制阀 XV1002。

[P1] ——关闭控制阀 XV1034。

[P1] ——油罐车操作，计算储油库卸油值。

三、填写操作记录表

储油库卸油操作记录表见表 1-19。

表 1-19　储油库卸油操作记录表

<table>
<tr><td colspan="5">条件：V-2001A，储罐尺寸为 1800mm（直径）×2000mm（高），储存油品为汽油，设定值为 130L</td></tr>
<tr><td colspan="4">工况信息确认（22 分）</td><td rowspan="10">得分：</td></tr>
<tr><td>储油库卸油油罐罐号（3 分）</td><td colspan="3"></td></tr>
<tr><td>接储油库卸油品类型（2 分）</td><td colspan="3"></td></tr>
<tr><td>油温（2 分）</td><td colspan="3"></td></tr>
<tr><td>罐车初始液位（2 分）</td><td colspan="3"></td></tr>
<tr><td>罐车卸完油液位（2 分）</td><td colspan="3"></td></tr>
<tr><td>罐车卸油量（4 分）</td><td colspan="3"></td></tr>
<tr><td>储油库卸油前油罐液位（2 分）</td><td colspan="3"></td></tr>
<tr><td>储油库卸油后油罐液位（2 分）</td><td colspan="3"></td></tr>
<tr><td>储油库卸油油量（3 分）</td><td colspan="3"></td></tr>
<tr><td colspan="4">V-2001A 记录表（每分钟记录一次）（4 分）</td><td rowspan="9">得分：</td></tr>
<tr><td>时间</td><td>液位</td><td>温度</td><td>备注</td></tr>
<tr><td></td><td></td><td></td><td></td></tr>
<tr><td></td><td></td><td></td><td></td></tr>
<tr><td></td><td></td><td></td><td></td></tr>
<tr><td></td><td></td><td></td><td></td></tr>
<tr><td></td><td></td><td></td><td></td></tr>
<tr><td></td><td></td><td></td><td></td></tr>
<tr><td></td><td></td><td></td><td></td></tr>
<tr><td colspan="4">总分</td><td></td></tr>
<tr><td>教师签字</td><td colspan="2"></td><td>操作员签字</td><td></td></tr>
</table>

一、操作得分表

储油库卸油现场操作考核评分表见表 1-20。

表 1-20　储油库卸油现场操作考核评分表（26 分）

考核项目	序号	考核内容	考核记录	小项分值	小项扣分	本项得分
储油库卸油前罐车操作	1	油罐车接静电接地线	油罐车未接静电接地线（　）	4		
	2	储油库卸油前罐车“检尺”	储油库卸油前罐车未“检尺”（　）	2		
	3	检查软管连接情况	未检查软管连接情况（　）	2		
	4	开启罐车出口阀	未开启罐车出口阀（　）	2		
	5	开启储油库卸油球阀	未开启储油库卸油球阀（　）	2		
现场操作	6	在卸油期间巡检情况，未巡检1处扣一分（共6个巡检点）	V-1001罐区未巡检（　）	1		
			V-2001A罐区未巡检（　）	1		
			V-2001B罐区未巡检（　）	1		
			V-3001罐区未巡检（　）	1		
			P-1001/P-3001泵区未巡检（　）	1		
			P-2001A/P-2001B泵区未巡检（　）	1		
储油库卸油后罐车操作	7	储油库卸油后罐车“检尺”	储油库卸油后罐车未“检尺”（　）	2		
	8	断开静电接地线	未断开静电接地线（　）	2		
	9	关闭罐车出口阀	未关闭罐车出口阀（　）	2		
	10	关闭储油库卸油球阀	未关闭储油库卸油球阀（　）	2		

二、文明生产得分表

文明生产得分表见表 1-21。

表 1-21　文明生产得分表

序号	违规操作	考核记录	项目分值	扣分
1	按照石化行业有关安全规范，着工作服、手套，佩戴安全帽。未佩戴或佩戴不规范（安全帽未系带、工作服未系扣、外操进入装置操作时未戴手套）每项扣2.5分，扣满10分为止	时间：（　）安全帽佩戴不规范	2.5分	
		时间：（　）工作服穿戴不规范	2.5分	
		时间：（　）手套佩戴不规范	2.5分	
		时间：（　）其他配套劳保用具佩戴不规范	2.5分	
2	进入储油库操作前需提前触摸静电消除球，每次进入前未触摸扣5分，扣满20分为止	时间：（　）未触摸静电消除球	5分	
		时间：（　）未触摸静电消除球	5分	
		时间：（　）未触摸静电消除球	5分	
		时间：（　）未触摸静电消除球	5分	

续表

序号	违规操作	考核记录	项目分值	扣分
3	保持现场环境整齐、清洁、有序，出现不符合文明生产的情况，每次扣10分(嬉戏，打闹，坐姿不端，乱扔废物，串岗等)，扣满20分为止	时间：(　　)嬉戏，打闹，坐姿不端，乱扔废物，串岗	10分	
		时间：(　　)嬉戏，打闹，坐姿不端，乱扔废物，串岗	10分	
4	内外操记录及时、完整、规范、真实、准确，弄虚作假每次扣10分，扣满50分为止	时间：(　　)	10分	
		时间：(　　)	10分	
		时间：(　　)	10分	
		时间：(　　)	10分	
		时间：(　　)	10分	
5	考核期间出现由于操作不当引起的设备损坏、人身伤害或着火爆炸事故，考核结束不得分；出现重大失误导致任务失败，考核结束不得分	时间：(　　)安全事故	100分	
		时间：(　　)重大失误	100分	

注：文明生产考核过程中根据操作员的违规操作逐项扣除，扣满100分为止，出现安全事故或者重大失误考核立即结束；最高得分100分，最低得分0分

考评员签字： 操作员签字：	扣分合计： 得分合计：

知识一　泵卸法

泵卸法工艺流程如图1-9所示。卸油时，在真空泵的作用下将罐车中的油品引出到泵，油品再经过卸油泵打到指定的储罐。如果储油区和装卸区距离不太远，可利用图中虚线流程直接将油品输至储油区。反之，当储油区和装卸区距离较远，而且位差较大，采用一台泵难以满足快速接卸并输入罐区时，则可采用图1-9所示的实线流程。

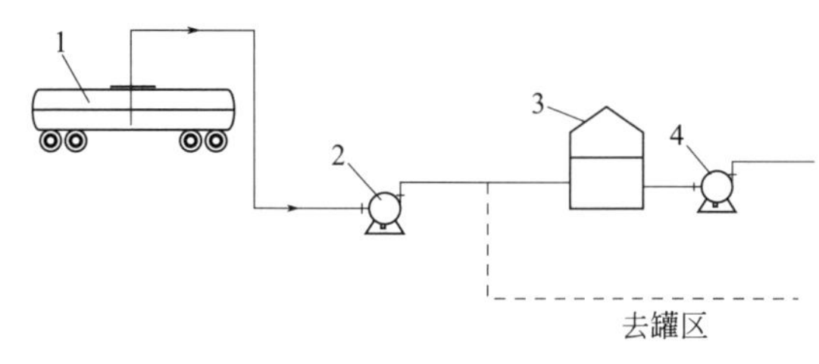

图1-9　泵卸法

1—油罐车；2—卸油泵；3—缓冲罐（零位油罐）；4—转输泵

卸油流程中的卸油泵具有大排量、低扬程的特点。输转泵具有小排量、高扬程的特点，满足快速装卸要求，可将油罐车内的油品不经过零位油罐直接送至储罐，减少了油品的损耗，但必须设置高大的鹤管、栈桥和真空系统等，设备多、操作复杂，容易形成气阻，影响正常卸油。

知识二　滑片泵

如图 1-10 所示，滑片泵主要由泵体、定子、转子、滑片、泵盖、衬板、泵轴、机械密封、轴承、安全阀等部分组成。泵工作时，滑片在转子槽内随转子旋转，同时由于偏心距不断地增与减，滑片在转子槽内做伸缩往复运动，并始终与定子内表面紧密地贴在一起。这样，滑片与滑片之间，低高压腔严密分离，否则排量就减少，压力波动、振动、噪声就增大，使泵无法正常工作。滑片泵是依靠偏心转子旋转时泵缸与转子上相邻两叶片间所形成的工作容积的变化来输送液体或使之增压的回转泵。滑片泵的叶片靠离心力（也可在叶片底部安放弹簧或通以高压液）紧贴泵缸的内表面，并在转子槽里做往复运动。转子旋转时，吸入腔侧相邻两叶片间的工作容积逐渐增大，压力降低，液体在压差作用下进入工作容积。工作容积经一过渡区（指工作容积同吸入腔和排出腔不相通的区段）后逐渐缩小，将液体排出。滑片泵适用于输送不含固体颗粒、无腐蚀性、黏度较低的润滑性液体，泵的流量可达 $400m^3/h$，压力可达 20MPa，转速一般为 500～1500r/min，通常用作液压泵。

图 1-10　立式滑片泵（HGB）构造

知识三　油库卸油流程

（1）根据业务部需要或生产要求，经业务部批准确认后，由业务部下达储油库卸油书面通知，明确货物转入罐编号、物料名称、转入数量以及其他需要注意的事项。

（2）操作前，对储罐本体及附件进行巡检。

（3）数质部确定储油库卸油量，做检尺操作，做好记录。

（4）库区司泵工根据作业计划书指令，关闭无关阀门，打通储油库卸油流程，检查并确认流程正确。

（5）储油库卸油开泵时，要根据泵出口压力，控制发料速度，储油库卸油初期，确认物料已经进入储罐，检查确认无泄漏后升至正常压力。

（6）储油库卸油期间，中控室监控储罐液位，操作人员进行巡检，适时检查呼吸阀动作情况。

（7）储油库卸油油品数量达到规定数量时，中控员通知现场司泵人员停泵并关闭阀门；当中控室无法确认储油库卸油数量时，计量人员配合计量。

（8）需要清空储罐货物时，中控员应适时通知操作人员开启储罐罐底阀门，关闭储罐出口根部阀门，调整泵出口压力，尽可能利用物料泵抽出货物。

（9）对物料泵不能抽尽的罐底货物，用移动泵抽到小油车或管线内。

（10）根据作业单要求，将管道内的货物吹扫到储油库卸油储罐内。

（11）储油库卸油作业完成，中控室记录储油库卸油完成时间。

（12）储油库卸油完毕后，数质部计量各罐货物数量，并将结果通知业务部。

请查阅相关资料，选取附近油库作为研究对象。首先对油库所处目标市场的销量进行预测，初步确立油库扩容技改的可行方案，并针对工艺流程落后、发油精度低、库区油品挥发等问题，设计卸装装车工艺和油气回收装置。针对油库自动化水平低、操作复杂的问题，设计最新的油库自动化控制系统，提高油库智能化水平。

子任务四　人工检尺操作

任务描述

本任务为安全、及时、准确进行大罐检尺操作，掌握油库的产液量与输出液量的变化情况，掌握油罐活动时的收付量，判断收付是否正常。

任务目标

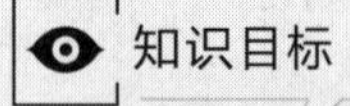

1. 了解油罐人工检尺精度控制。
2. 掌握检实尺的操作。
3. 熟悉检尺的操作步骤。

能力目标

1. 能正确地对储罐进行液位测量。

2. 能正确进行液位调控。

3. 具有化工仪表操作与维护能力，能进行DCS操作。

素质目标

1. 培养学生的创新能力。

2. 培养学生良好的职业道德。

3. 培养学生的动手操作能力。

职业技术标准

一、职业标准

《石油和液体石油产品动态计量　第5部分：油量计算》(GB/T 9109.5—2017)
《石油和液体石油产品油量计算　静态计量》(GB/T 19779—2005)

二、技术标准

《石油液体和气体计量的标准参比条件》(GB/T 17291—1998)
《原油和液体石油产品　黏稠烃的体积计量》(GB/T 20658—2006)

活动一　编制《人工检尺标准化操作计划书》

一、准备表

人工检尺标准化操作准备表见表1-22。

表 1-22　人工检尺标准化操作准备表

序号	名称	数量	备注
1	量油尺	1 把	
2	防爆手电筒	1 个	
3	大布	若干	

二、操作表

人工检尺标准化操作表见表 1-23。

表 1-23　人工检尺标准化操作表

1	计量检尺器具、劳保用品应符合防火、防爆、防静电的要求
2	攀罐时应手扶着栏杆上罐。开启量油口盖时应站在上风位置
3	下尺量油时油尺应紧贴量油口铅槽。关闭量油口盖时动作要轻
4	大风或雷雨天气应停止检尺作业
5	量油后及时收卷尺带。所用计量器具，使用完毕要擦拭干净
6	计量检尺工要准确掌握油罐的安全容量，在收油作业时，要随时掌握油罐的可装容量和进油数量，油面接近油罐安全高度时，应格外密切注意，防止冒油事故的发生。发油作业时，油面不能低于安全高度的下限
7	定时巡查油罐、管线及附件，动态罐每小时一次，静态罐每两小时一次
8	油罐脱水作业时，计量人员不得离开现场并做好有关记录

三、罐容表

罐容表见表 1-24。

表 1-24　罐容表

V-1001 储罐静容积表			V-3001 储罐静容积表		
序号	高度/m	容积/L	序号	高度/m	容积/L
1	0.100	0.254	1	0.100	0.236
2	0.200	0.509	2	0.200	0.490
3	0.300	0.763	3	0.300	0.745
4	0.400	1.018	4	0.400	0.999
5	0.500	1.272	5	0.500	1.254
6	0.600	1.527	6	0.600	1.508
7	0.700	1.781	7	0.700	1.763
8	0.800	2.036	8	0.800	2.017
9	0.900	2.290	9	0.900	2.272
10	1.000	2.545	10	1.000	2.526
11	1.100	2.799	11	1.100	2.781
12	1.200	3.054	12	1.200	3.035
13	1.300	3.308	13	1.300	3.289

续表

V-1001 储罐静容积表			V-3001 储罐静容积表		
序号	高度/m	容积/L	序号	高度/m	容积/L
14	1.400	3.563	14	1.400	3.544
15	1.500	3.817	15	1.500	3.798
16	1.600	4.072	16	1.600	3.035
17	1.700	4.326	17	1.700	4.307
18	1.800	4.580	18	1.800	4.562
19	1.900	4.835	19	1.900	4.816
20	2.000	5.089	20	2.000	5.071
V-2001A 储罐容积表			V-2001B 储罐容积表		
序号	高度/m	容积/L	序号	高度/m	容积/L
1	0.100	0.280	1	0.100	0.283
2	0.200	0.535	2	0.200	0.538
3	0.300	0.789	3	0.300	0.792
4	0.400	1.044	4	0.400	1.047
5	0.500	1.298	5	0.500	1.301
6	0.600	1.553	6	0.600	1.556
7	0.700	1.807	7	0.700	1.810
8	0.800	2.062	8	0.800	2.065
9	0.900	2.316	9	0.900	2.319
10	1.000	2.571	10	1.000	2.574
11	1.100	2.825	11	1.100	2.828
12	1.200	3.080	12	1.200	3.083
13	1.300	3.334	13	1.300	3.337
14	1.400	3.589	14	1.400	3.592
15	1.500	3.843	15	1.500	3.846
16	1.600	4.098	16	1.600	4.101
17	1.700	4.352	17	1.700	4.355
18	1.800	4.606	18	1.800	4.609
19	1.900	4.861	19	1.900	4.864
20	2.000	5.115	20	2.000	5.118

活动二　油罐人工检尺精度控制

（1）尺砣不要摆动，当下尺深度接近参照高度时，用摇柄卡住尺带，手腕缓慢下移。对于黏油稍停留数秒后提尺读数。若尺带上油痕不明显，可在尺带上油痕附近涂拭油膏。

（2）稳油时间不少于 30min，温度计浸没时间不少于 5min。

图 1-11　人工检尺操作

（3）测量精度：油、水高度±1mm；温度±0.1℃；密度±0.5kg/m³，检尺测温时上提速度不得大于 0.5m/s，下落速度不得大于 1m/s。

（4）每次检尺操作（如图 1-11 所示）至少重复一遍，读数精确到 mm，两次测量结果相差不得超过 2mm。在计算时应取较小值。检尺两次，如果两次检尺的误差值超过 2mm 则需要重新检尺，两次的误差值在 2mm 内取两次检尺值的算数平均值，两次检尺的误差在 1mm 内以第一次检尺的数值为准。

活动三　编制《设备作业指导表——量油尺》

垂直、缓慢地把量油尺插到底部，注意不要摇摆，可以用手压尺顶。如果尺底部涂抹了试油膏，要停留 10s 以上。拔出来记录读数，每次量油一般插 3 次，注意，以较小的数据为准，不要取平均读数。如果读数看不清楚，要使用试油膏涂抹在液面附近。量油尺要擦得干干净净，否则，看不清楚。设备作业指导表见表 1-25。

表 1-25　设备作业指导表

序号	注意事项
1	量油尺表面必须洁净，不得有斑点、锈迹和其他缺陷；边缘应平滑，不得有锋口和倒刺
2	尺带上所有刻线必须均匀、清晰，并垂直于钢带边缘
3	尺带不许有扭折、弯曲及镶接等残存的变形
4	刻度线、数字应清晰
5	尺砣尖部无损坏
6	使用量油尺前应校对零点，并检查尺砣与挂钩是否连接牢固

活动四　实施油罐人工检尺——检实尺操作

（1）上罐前检查大罐液位变化情况。

（2）上罐后站在上风口系好安全带，打开量油孔待油气散发后，对罐内的液位进行量油检尺操作。

（3）操作遵循“下尺稳、提尺快、读数准”的原则，打开量油孔，站在上风头，采用悬空量油的方法，把量油尺从量油孔匀速下入，待量油尺重锤下到罐内液面以下即可停止下尺，记录下尺深度，读数精确到 mm。

（4）迅速上提量油尺，待尺面油痕露出量油孔时，准确记录量油尺上沾油的刻度，继续上提量油尺并用棉纱擦净尺面所沾油痕，直到量油尺全部提出。

（5）重复检尺操作，注意两次测量结果误差：测量误差为 1mm 时以第一次计量为准，如果两次检尺的误差值超过 2mm 则需要重新检尺，两次的误差值在 2mm 内取两次检尺值得算数平均值，两次检尺的误差在 1mm 内取第一次检尺的数值为准。

（6）记录下尺量、沾油高度，计算油高。根据罐的容积计算罐内存油量并将结果准确填入记录报表。

（7）关闭量油孔盖，擦净钢卷尺。

一、操作得分表

操作得分表见表 1-26。

表 1-26　操作得分表

序号	考核内容	分值	评分标准	评分记录	得分
1	操作前对量油尺进行检查	7	未检查尺带情况（检尺型号、是否扭折弯曲、尺砣尖部损坏或尺带刻度模糊不清、数字脱落等情况）本项不得分	时间：（　　） 未检查（　　）	
2	检查罐的进出口阀门开关正确，阀门完好	6	进出口阀门均处于关闭状态，有任意阀门关闭不合格不得分	出口阀未关（　　） 入口阀未关（　　）	
3	操作前等待静置，静置时间 3min 以上	4	考核开始后静置 3min 以上，静置时间不足，不得分	静置时间（　　）min	
4	考核前擦拭量油尺，确保尺带洁净	2	考核前未擦拭量油尺本项不得分	时间：（　　）未擦拭尺带	
5	上到罐顶前穿戴好安全带，上到罐顶将安全带固定好。使用抹布测试风向，并站在上风或者侧风向	4	未进行安全带穿戴本项不得分	时间：（　　）未穿戴安全带	
		2	未进行风向测量本项不得分	时间：（　　）未测风向	
		2	未站立在正确的方向本项不得分	时间：（　　）站立位置错误	
6	打开量油孔缓慢下量油尺，靠在导向槽放入罐内，避免摆动尺带，量油尺紧贴计量口壁缓慢降落，防止摆动。铜锤触及罐底后用手扶住尺带防止摆动	8	明显溜尺本项不得分	时间：（　　）溜尺	
			下尺过程中触碰“管壁”本项不得分	时间：（　　）下尺触碰管壁	
7	下尺完成测量时停留一定时间	5	停留时间 2～3s 后提尺，时间过长或者过短不得分	停留时间（　　）s	
8	测量完成正确提出量油尺，避免摆动	8	提出过程中有明显尺带摆动本项不得分	时间：（　　）尺带摆动	
			提尺过程中触碰“管壁”本项不得分	时间：（　　）量油尺触碰管壁	

续表

序号	考核内容	分值	评分标准	评分记录	得分
9	读数时尺带不应放平或倒放,以免油痕上升	5	尺带平放读数本项不得分	时间:(　　)尺带平放	
			尺带倒放本项不得分	时间:(　　)尺带倒放	
10	按照正确读数方法读数	5	未按读数时先读小数(mm),后读大数(cm、dm、m)的方法	时间:(　　)未按要求读数	
11	进行二次测量操作	15	未擦拭尺带下尺的本项不得分(擦拭油痕处即可)	时间:(　　)未擦拭尺带	
			未按规定读数本项不得分	时间:(　　)按规定度数	
			与第一次相较误差超过2mm本项不得分	时间:(　　)与第一次相较误差超过2mm	
12	收尺,擦净尺带	3	量油结束后清洁,尺带表面无明显的油渍	时间:(　　)尺带有明显异物	
13	盖回计量口盖	2	检尺孔盖封合完好,没有明显松动	时间:(　　)未正确关闭量油孔	
14	清理周围卫生	2	现场无杂物,考核设备洁净,松安全带下罐	时间:(　　)现场有操作人员考核遗留杂物	

二、文明生产得分表

文明生产得分表见表1-27。

表1-27　文明生产得分表

序号	违规操作	考核记录	项目分值	扣分
1	按照石化行业有关安全规范,着工作服、手套,佩戴安全帽。未佩戴或佩戴不规范(安全帽未系带、工作服未系扣、外操进入装置操作时未戴手套)每项扣2.5分,扣满10分为止	时间:(　　)安全帽佩戴不规范	2.5分	
		时间:(　　)工作服穿戴不规范	2.5分	
		时间:(　　)手套佩戴不规范	2.5分	
		时间:(　　)其他配套劳保用具佩戴不规范	2.5分	
2	进入储油库操作前需提前触摸静电消除球,每次进入前未触摸扣5分,扣满20分为止	时间:(　　)未触摸静电消除球	5分	
		时间:(　　)未触摸静电消除球	5分	
		时间:(　　)未触摸静电消除球	5分	
		时间:(　　)未触摸静电消除球	5分	
3	保持现场环境整齐、清洁、有序,出现不符合文明生产的情况,每次扣10分(嬉戏,打闹,坐姿不端,乱扔废物,串岗等),扣满20分为止	时间:(　　)嬉戏,打闹,坐姿不端,乱扔废物,串岗	10分	
		时间:(　　)嬉戏,打闹,坐姿不端,乱扔废物,串岗	10分	

续表

序号	违规操作	考核记录	项目分值	扣分
4	内外操记录及时、完整、规范、真实、准确，弄虚作假每次扣10分，扣满50分为止	时间：(　　)	10分	
		时间：(　　)	10分	
		时间：(　　)	10分	
		时间：(　　)	10分	
		时间：(　　)	10分	
5	考核期间出现由于操作不当引起的设备损坏、人身伤害或着火爆炸事故，考核结束不得分；出现重大失误导致任务失败，考核结束不得分	时间：(　　)安全事故	100分	
		时间：(　　)重大失误	100分	
注：文明生产考核过程中根据操作员的违规操作逐项扣除，扣满100分为止，出现安全事故或者重大失误考核立即结束；最高得分100分，最低得分0分				
考评员签字： 操作员签字：		扣分合计： 得分合计：		

知识一　腰轮流量计

一、适用范围

如图1-12、图1-13所示，腰轮流量计属于容积式流量计的一种，又常被称为罗茨流量计。它可用来测量气体和液体，精度可达±0.1%，可用来作为标准表使用。它的最大量程为1000m^3/h。它的工作温度一般在－10～80℃，工作压力为1.6MPa，压力损失小，适用动力黏度范围为0.6～500mPa·s。

图1-12　腰轮流量计内部结构

图1-13　腰轮流量计外部结构

二、工作原理

如图1-14所示，腰轮流量计是直接测量流体体积流量的容积式流量计。它由一对由圆弧和摆线围成的中间凹进的腰形光轮转子和外壳组成。由于转子是光滑的，为了避免在转动时两腰轮间发生滑动，在伸出外壳的轮轴上安装两个中心距与腰轮中心距相同的传动比为 1 的圆柱形齿轮。

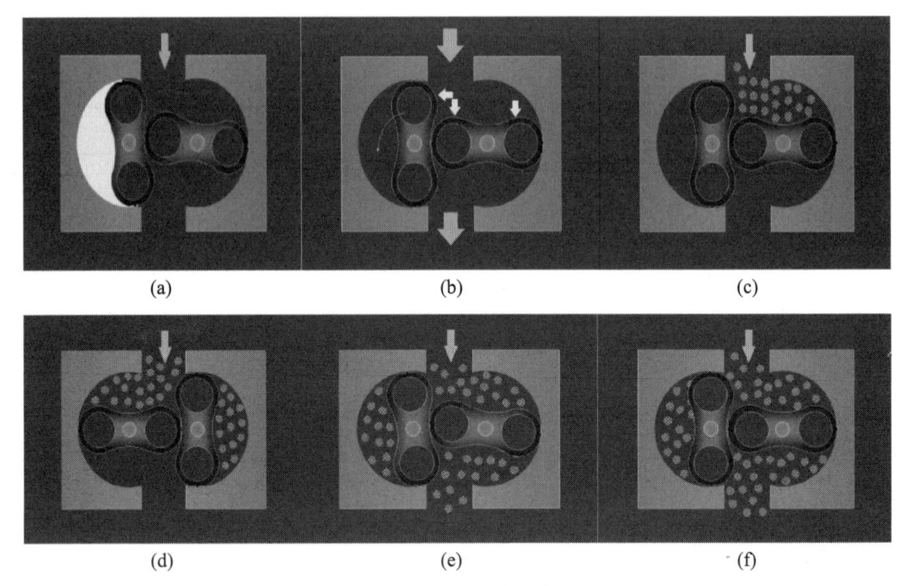

图 1-14　腰轮流量计工作原理

知识二　量油尺

一、结构

如图 1-15 所示，量油尺由手柄、尺架、摇柄、量尺、尺砣、锁定器、刮油器、支架、连接器等构成。

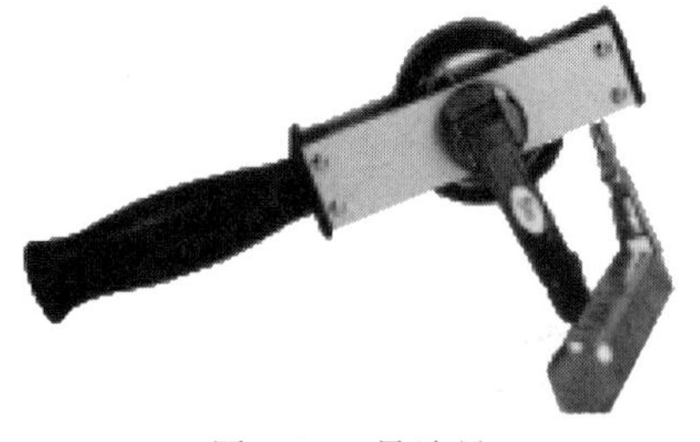

图 1-15　量油尺

二、使用方法

操作遵循“下尺稳、提尺快、读数准”的原则，采用悬空量油的方法，把量油尺从量油孔匀速下入，待量油尺重锤下到罐内液面以下即可停止下尺，记录下尺深度，读数精确到 mm。

知识三　浮子液位计

如图 1-16 所示，液位下降时，浮子重量拉动钢带使收带轮和卷簧轮顺时针转动，将卷绕在储簧轮上的恒力卷簧反绕在卷簧轮上。液位升高时，钢带拉力减小，将恒力卷簧收回到储簧轮上，收带轮和卷簧轮逆时针转动。钢带通过齿轮传动机构，由机械计数器指示出液位。

图 1-16　浮子液位计

知识四　油罐人工检尺——检实尺

对于轻油（汽油、煤油、柴油和轻质润滑油），检实尺可立即提尺读数，将量油尺下至罐底，提出后由尺带上的油痕直接读取油面高度。对于黏油要稍停留数秒钟后提尺读数，读数时先读小数，后读大数。轻油易挥发，读数应迅速。若尺带油痕不明显，可在油痕附近的尺带上涂拭油膏。连续测量两次，读数误差不大于 1mm，取第一次的读数，超过时应重新检尺。

随着我国大型储油罐的不断发展，目前，我国油库的总容量已高达数千万立方米，油品计量交接体制贯穿在我国油田开发、仓储运输、石油贸易等各领域。因此，油罐测量最重要的步骤是什么？一般使用什么方法来计量油罐油品？请查阅相关资料，分析实际情况中油罐人工检尺计量的误差问题，并提出油罐人工检尺计量误差的优化措施。

任务二
储油库装卸仿真训练

子任务一　铁路收发油仿真操作

任务描述

本项任务为使用油库仿真系统进行铁路发油仿真操作，由铁路“罐车”来储油库输送至油罐V-2001A。详细流程图可扫描二维码附图2查看。

附图2

任务目标

知识目标

1. 了解铁路收发油的工艺流程。
2. 熟悉铁路收发油量的精度控制。
3. 掌握铁路收发油的实际操作。

能力目标

1. 能够进行铁路收发油运行系统的维护和管理。
2. 能够正确选用常见仪表，并注意使用事项。
3. 能够进行铁路收发油装置的操作、运行和管理。

素质目标

1. 具有良好的心理素质和吃苦耐劳的精神，具备较强的环保意识和安全意识。
2. 能通过各种媒体资源查找所需信息，具有自主学习新知识、新技术的能力。
3. 具有较强的口语、书面表达能力。

职业技术标准

一、职业标准

《油气输送工国家职业标准》（高级工）

二、技术标准

《道路运输液体危险货物罐式车辆　第1部分：金属常压罐体技术要求》（GB 18564.1—2019）

《铁路运输危险货物包装检验安全规范》（GB 19359—2009）

活动一　根据铁路装卸业务作业流程绘制思维导图

一、油品接卸操作规程

1. 作业前的准备工作

（1）接到铁路油罐车到库预报后，储油库负责人安排相关人员做好接卸准备。

（2）消防人员准备好消防器材，做好消防准备。

（3）收取运单，质检部门（化验室）核对油料的品种、牌号和数量。

（4）司泵工检查输油管和输油泵是否正常，倒通流程，核对接卸油品种与输油管道阀门的开启是否相符。

（5）计量人员负责做好计量器具、接卸储油罐液位高度检查工作。

2. 操作程序

（1）油罐车到库后，接卸操作员检查罐车安全装置是否符合规定，栈桥操作工连接好卸车鹤管，并检查有无滴漏现象。

（2）司泵工严格按照油泵操作规程进行操作，启动机泵，慢慢开启油泵出口阀，调整泵出口压力表指示值达到正常水平。

（3）油品接卸过程中应做好巡回检查工作，油泵运转中注意“听、看、闻、摸”，油槽车操作工应注意油罐车油位变化情况及有无异常情况。

（4）当接卸罐达到安全容量上限时，通知计量部门（计量室）进行换罐，此时应先开待换罐阀门，后关满罐阀门或停泵后进行调换。

（5）油品接卸结束后（要收净底油），关闭进出口阀门，切断电源。

（6）清理现场，收拾整理作业工具，填写作业记录。

二、油罐车灌装操作规程

1. 作业前的准备工作

（1）接到业务部门（业务科）当日装车计划，经储油库负责人签批后，由计量室通知有关班组做好装车准备。

（2）寒冷地区在冬天送车（特别是黏油罐车）前，司泵工应及时打开暖库大门，检查库内铁路线是否畅通。

（3）罐车入库对位后，司泵工开车盖，检查栈桥附属设备和油泵相连接的管组阀门是否处于正常状态。化验人员对槽车进行质量检查，对不合格车辆根据质检组下达的通知单进行清理和扣装，对质检合格的车辆允许灌装。

（4）计量工抄车号、定表号、逐车施封下卸阀中心轴，待质检组下达装车通知单后，再下达转输通知单。

（5）计量工在输油罐启用之前，测量转输罐前尺，并开启转输罐出口阀门。

2. 操作程序

（1）各项工作准备就绪后，装油工上栈桥，放入装油鹤管，启动机泵，进行装车，此时应注意观察机泵、仪表运行情况，检查油罐车油位高度的变化，保持转输正常。

（2）油罐车装满油品后，停泵关闭阀门，启泵回抽管道存油，清理油坑。

（3）装油结束后，切断电源，关闭阀门，提出鹤管，并将端口放入接油盆内。通知计量室计量、施封。

（4）装油工封车盖，上紧拧牢的螺栓不得少于4个。

（5）拉起梯子拴牢，并对栈桥进行全面检查。

（6）填写作业记录。

三、绘制思维导图

铁路装卸业务作业流程思维导图见图 1-17。

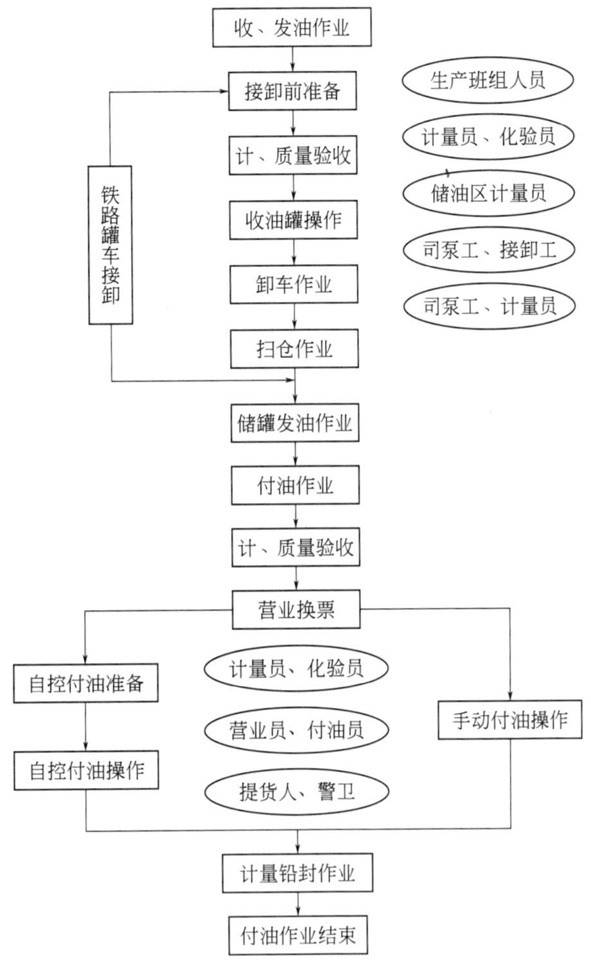

图 1-17　铁路装卸业务作业流程思维导图

活动二　铁路发油量精度控制

（1）计量操作前，应对所有计量器具认真检查，计量器具要核准检定证书器号，确认完好无误后方可使用。核对到达油品品名、车号、车型、表号，检查铅封完好性，并登记号码，无误后方可拆封开盖计量。

（2）计量前稳油时间：轻质油不少于 15min，重质油不少于 30min。

（3）油高的测量：严格按照《石油和液体石油产品液位测量法（手工法）》（GB/T 13894—1992）标准操作执行。

（4）油温的测量：严格按照《石油和液体石油产品温度测量　手工法》（GB/T 8927—2008）标准执行。

（5）密度的测量：严格按照《原油和液体石油产品密度实验室测定法（密度计法）》（GB/T 1884—2000）标准执行。

（6）取样：严格按照《石油液体手工取样法》（GB/T 4756—2015）标准执行。

（7）通过准确测量和数据计算填写《计量原始记录单》。

（8）油品入库后，及时填报《油品入库凭证》。当天统计闸账时间前收完的成批油品，应当天统计入账。

（9）当油品超耗达到索赔数额时，运输管理员应通知铁路运输员到场核实核对后，报告车站货运值班室值班员到场核实，请其签发有关证件；计量员应填报索赔资料。稳油时间不少于 15min；温度计浸没时间不少于 5min。

活动三　实施铁路收发油仿真操作

附图 2

一、铁路收发油仿真操作步骤

铁路收发油仿真操作界面如图 1-18 所示。详细流程图可扫描二维码附图 2 查看。

操作员——开启 V-1005 进油控制阀 XV1028。

操作员——开启汽油输油泵 B2 进口控制阀 XV3008。

操作员——将汽油罐进口控制阀 XV3009 开启。

操作员——开启汽油罐控制阀 XV3022。

图 1-18　铁路收发油仿真操作界面

操作员——开启控制阀 XV3034。

操作员——开启 1＃鹤管汽油进汽油集油管控制阀 XV4070。

操作员——开启 2＃鹤管汽油进汽油集油管控制阀 XV4064。

操作员——开启 3＃鹤管汽油进汽油集油管控制阀 XV4058。

操作员——开启 4＃鹤管汽油进汽油集油管控制阀 XV4052。

操作员——开启 5＃鹤管汽油进汽油集油管控制阀 XV4046。

操作员——开启 6＃鹤管汽油进汽油集油管控制阀 XV4040。

操作员——开启控制阀 XV3017。

操作员——开启控制阀 XV3015。

操作员——开启控制阀 XV3029。

操作员——开启控制阀 XV3030。

操作员——开启控制阀 XV3032。

班长——确认 1＃鹤管位灭火器压力及数量达到要求。

班长——确认 2＃鹤管位灭火器压力及数量达到要求。

班长——确认 3＃鹤管位灭火器压力及数量达到要求。

班长——确认 4＃鹤管位灭火器压力及数量达到要求。

班长——确认 5＃鹤管位灭火器压力及数量达到要求。

班长——确认6＃鹤管位灭火器压力及数量达到要求。
班长——确认输油泵B2周围灭火器压力及数量达到要求。
操作员——接好1＃鹤管与1＃油罐静电连接线。
操作员——接好2＃鹤管与2＃油罐静电连接线。
操作员——接好3＃鹤管与3＃油罐静电连接线。
操作员——接好4＃鹤管与4＃油罐静电连接线。
操作员——接好5＃鹤管与5＃油罐静电连接线。
操作员——接好6＃鹤管与6＃油罐静电连接线。
操作员——打开1＃罐车罐口盖板。
操作员——将1＃鹤管调整好位置插入罐底。
操作员——盖好1＃油罐罐口灭火毯。
操作员——打开2＃罐车罐口盖板。
操作员——将2＃鹤管调整好位置插入罐底。
操作员——盖好2＃油罐罐口灭火毯。
操作员——打开3＃罐车罐口盖板。
操作员——将3＃鹤管调整好位置插入罐底。
操作员——盖好3＃油罐罐口灭火毯。
操作员——打开4＃罐车罐口盖板。
操作员——将4＃鹤管调整好位置插入罐底。
操作员——盖好4＃油罐罐口灭火毯。
操作员——打开5＃罐车罐口盖板。
操作员——将5＃鹤管调整好位置插入罐底。
操作员——盖好5＃油罐罐口灭火毯。
操作员——打开6＃罐车罐口盖板。
操作员——将6＃鹤管调整好位置插入罐底。
操作员——盖好6＃油罐罐口灭火毯。
班长——对输油泵B2进行盘泵，确认其正常。
班长——确认汽油罐V-3001液位为0%。
班长——检查确认1＃鹤管与1＃油罐静电连接线已接好。
班长——检查确认2＃鹤管与2＃油罐静电连接线已接好。
班长——检查确认3＃鹤管与3＃油罐静电连接线已接好。
班长——检查确认4＃鹤管与4＃油罐静电连接线已接好。
班长——检查确认5＃鹤管与5＃油罐静电连接线已接好。
班长——检查确认6＃鹤管与6＃油罐静电连接线已接好。
班长——检查完毕后通知相关部门送电。
操作员——打开控制阀XV4071。
操作员——打开控制阀XV4065。
操作员——打开控制阀XV4059。
操作员——打开控制阀XV4053。

操作员——打开控制阀 XV4047。
操作员——打开控制阀 XV4041。
操作员——开启 1＃鹤管潜油泵。
操作员——开启 2＃鹤管潜油泵。
操作员——开启 3＃鹤管潜油泵。
操作员——开启 4＃鹤管潜油泵。
操作员——开启 5＃鹤管潜油泵。
操作员——开启 6＃鹤管潜油泵。
操作员——6＃鹤管潜油泵开启 1min 后启动输油泵 B2。
操作员——当 B2 出口压力表上升时，逐步开启 B2 触控控制阀 XV3005 至开度 100％。
操作员——关闭控制阀 XV3009。
操作员——关闭汽油罐控制阀 XV3022。
班长——将 1＃鹤管潜油泵压力设置为 3.0MPa。
班长——将 2＃鹤管潜油泵压力设置为 2.9MPa。
班长——将 3＃鹤管潜油泵压力设置为 2.8MPa。
班长——将 4＃鹤管潜油泵压力设置为 2.7MPa。
班长——将 5＃鹤管潜油泵压力设置为 2.6MPa。
班长——将 6＃鹤管潜油泵压力设置为 2.5MPa。
操作员——当 1＃火车油罐显示闪绿时，立即使用现场电器开关关闭 1＃鹤管潜油泵。
操作员——关闭控制阀 XV4071。
操作员——关闭控制阀 XV4070。
操作员——通知班长 1＃火车油罐卸车完成。
操作员——当 2＃火车油罐显示闪绿时，立即使用现场电器开关关闭 2＃鹤管潜油泵。
操作员——关闭控制阀 XV4065。
操作员——关闭控制阀 XV4064。
操作员——通知班长 2＃火车油罐卸车完成。
操作员——当 3＃火车油罐显示闪绿时，立即使用现场电器开关关闭 3＃鹤管潜油泵。
操作员——关闭控制阀 XV4059。
操作员——关闭控制阀 XV4058。
操作员——通知班长 3＃火车油罐卸车完成。
操作员——当 4＃火车油罐显示闪绿时，立即使用现场电器开关关闭 4＃鹤管潜油泵。
操作员——关闭控制阀 XV4053。
操作员——关闭控制阀 XV4052。
操作员——通知班长 4＃火车油罐卸车完成。
操作员——当 5＃火车油罐显示闪绿时，立即使用现场电器开关关闭 5＃鹤管潜油泵。
操作员——关闭控制阀 XV4047。
操作员——关闭控制阀 XV4046。
操作员——通知班长 5＃火车油罐卸车完成。
操作员——当 6＃火车油罐显示闪绿时，立即使用现场电器开关关闭 6＃鹤管潜油泵。

操作员——关闭控制阀 XV4041。

操作员——关闭控制阀 XV4040。

操作员——通知班长 6＃火车油罐卸车完成。

操作员——完成卸油后，通过现场输油泵电器开关关闭输油泵 B2。

操作员——打开控制阀 XV4069。

操作员——打开控制阀 XV4067。

操作员——使用现场扫槽泵电器控制阀开启汽油扫槽泵 B4 进行扫槽操作，10s 后完成 1＃火车油罐的扫槽操作。

操作员——使用现场扫槽泵电器控制阀关闭汽油扫槽泵 B4。

操作员——关闭控制阀 XV4067。

操作员——关闭控制阀 XV4069。

操作员——关闭 1＃火车油罐罐车口盖。

操作员——通知班长完成 1＃火车油罐的扫槽作业。

操作员——打开控制阀 XV4061。

操作员——打开控制阀 XV4063。

操作员——使用现场扫槽泵电器控制阀开启汽油扫槽泵 B4 进行扫槽操作，10s 后完成 2＃火车油罐的扫槽操作。

操作员——使用现场扫槽泵电器控制阀关闭汽油扫槽泵 B4。

操作员——关闭控制阀 XV4063。

操作员——关闭控制阀 XV4061。

操作员——关闭 2＃火车油罐罐车口盖。

操作员——通知班长完成 2＃火车油罐的扫槽作业。

操作员——打开控制阀 XV4057。

操作员——打开控制阀 XV4055。

操作员——使用现场扫槽泵电器控制阀开启汽油扫槽泵 B4 进行扫槽操作，10s 后完成 3＃火车油罐的扫槽操作。

操作员——使用现场扫槽泵电器控制阀关闭汽油扫槽泵 B4。

操作员——关闭控制阀 XV4055。

操作员——关闭控制阀 XV4057。

操作员——关闭 3＃火车油罐罐车口盖。

操作员——通知班长完成 3＃火车油罐的扫槽作业。

操作员——打开控制阀 XV4051。

操作员——打开控制阀 XV4049。

操作员——使用现场扫槽泵电器控制阀开启汽油扫槽泵 B4 进行扫槽操作，10s 后完成。

操作员——使用现场扫槽泵电器控制阀关闭汽油扫槽泵 B4。

操作员——关闭控制阀 XV4049。

操作员——关闭控制阀 XV4051。

操作员——关闭 4＃火车油罐罐车口盖。

操作员——通知班长完成 4＃火车油罐的扫槽作业。

操作员——打开控制阀 XV4045。

操作员——打开控制阀 XV4043。

操作员——使用现场扫槽泵电器控制阀开启汽油扫槽泵 B4 进行扫槽操作，10s 后完成 5＃火年油罐的扫槽操作。

操作员——使用现场扫槽泵电器控制阀关闭汽油扫糟泵 B4。

操作员——关闭控制阀 XV4043。

操作员——关闭控制阀 XV4045。

操作员——关闭 5＃火车油罐罐车口盖。

操作员——通知班长完成 5＃火车油罐的扫槽作业。

操作员——打开控制阀 XV4039。

操作员——打开控制阀 XV4037。

操作员——使用现场扫槽泵电器控制阀开启汽油扫槽泵 B4 进行扫槽操作，10s 后完成 6＃火车油罐的扫槽操作。

操作员——使用现场扫槽泵电器控制阀关闭汽油扫槽泵 B4。

操作员——关闭控制阀 XV4037。

操作员——关闭控制阀 XV4039。

操作员——关闭 6＃火车油罐罐车口盖。

操作员——通知班长完成 6＃火车油罐的扫槽作业。

操作员——关闭控制阀 XV3034。

操作员——关闭控制阀 XV3008。

操作员——关闭控制阀 XV3005。

操作员——关闭控制阀 XV1028。

操作员——关闭控制阀 XV3015。

操作员——关闭控制阀 XV3017。

操作员——关闭控制阀 XV3032。

操作员——关闭控制阀 XV3030。

操作员——关闭控制阀 XV3029。

操作员——完成后通知班长卸油操作完成。

班长——检查确认各控制阀均处于关闭状态。

二、填写操作记录表

铁路发油操作记录表见表 1-28。

表 1-28 铁路发油操作记录表

条件：V-2001，储罐尺寸为 1800mm（直径）×2000mm（高），储存油品为原油，发油设定值为 290L		
工况信息确认（14 分）		
发油罐罐号（3 分）		
发油品类型（2 分）		
油温（2 分）		

续表

工况信息确认(14 分)				
发油前液位(2 分)				得分：
发油后液位(2 分)				
付油总量(3 分)				
V-3001 记录表(每分钟记录一次,且需进行截屏操作)(4 分)				
时间	液位	温度	备注	
				得分：
总分				
调度员签字		操作员签字		

一、操作得分表

铁路发油操作考核现场操作评分表见表 1-29。

表 1-29　铁路发油操作考核现场操作评分表（18 分）

考核项目	序号	考核内容	考核记录	小项分值	小项扣分	本项得分
发油前罐车操作	1	油罐车接静电接地线	油罐车接静电接地线（　　）	4		
	2	收油前罐车出口阀检车	开启罐车出口阀（　　）	2		
现场操作	3	在转油期间巡检情况,未巡检 1 处扣 1 分(共 6 个巡检点)	V-1001 罐区巡检（　　）	1		
			V-2001A 罐区巡检（　　）	1		
			V-2001B 罐区巡检（　　）	1		
			V-3001 罐区巡检（　　）	1		
			P-1001/P-3001 泵区巡检（　　）	1		
			P-2001A/P-2001B 泵区巡检（　　）	1		
发油后罐车操作	4	收油后罐车“检尺”	收油后罐车“检尺”（　　）	4		
	5	断开静电接地线	断开静电接地线（　　）	2		

二、文明生产得分表

文明生产得分表见表1-30。

表1-30 文明生产得分表

序号	违规操作	考核记录	项目分值	扣分
1	按照石化行业有关安全规范，着工作服、手套，佩戴安全帽。未佩戴或佩戴不规范（安全帽未系带、工作服未系扣、外操进入装置操作时未戴手套）每项扣2.5分，扣满10分为止	时间：（　）安全帽佩戴不规范	2.5分	
		时间：（　）工作服穿戴不规范	2.5分	
		时间：（　）手套佩戴不规范	2.5分	
		时间：（　）其他配套劳保用具佩戴不规范	2.5分	
2	进入储油库操作前需提前触摸静电消除球，每次进入前未触摸扣5分，扣满20分为止	时间：（　）未触摸静电消除球	5分	
		时间：（　）未触摸静电消除球	5分	
		时间：（　）未触摸静电消除球	5分	
		时间：（　）未触摸静电消除球	5分	
3	保持现场环境整齐、清洁、有序，出现不符合文明生产的情况，每次扣10分（嬉戏，打闹，坐姿不端，乱扔废物，串岗等），扣满20分为止	时间：（　）嬉戏，打闹，坐姿不端，乱扔废物，串岗	10分	
		时间：（　）嬉戏，打闹，坐姿不端，乱扔废物，串岗	10分	
4	内外操记录及时、完整、规范、真实、准确，弄虚作假每次扣10分，扣满50分为止	时间：（　）	10分	
		时间：（　）	10分	
		时间：（　）	10分	
		时间：（　）	10分	
		时间：（　）	10分	
5	考核期间出现由于操作不当引起的设备损坏、人身伤害或着火爆炸事故，考核结束不得分；出现重大失误导致任务失败，考核结束不得分	时间：（　）安全事故	100分	
		时间：（　）重大失误	100分	
注：文明生产考核过程中根据操作员的违规操作逐项扣除，扣满100分为止，出现安全事故或者重大失误考核立即结束；最高得分100分，最低得分0分				
考评员签字： 操作员签字：		扣分合计： 得分合计：		

知识一　铁路发油岗位群

（1）接到铁路油罐车到库预报后，储油库负责人安排相关人员做好接卸准备。

（2）消防人员准备好消防器材，做好消防准备。

（3）收取运单，质检部门（化验室）核对油料的品种、牌号和数量。

（4）司泵工检查输油管和输油泵是否正常，倒通流程，核对接卸油品种与输油管道阀门的开启是否相符。

（5）计量人员负责做好计量器具、接卸储罐的液位高度检查工作。

图 1-19 为铁路发油岗位群。

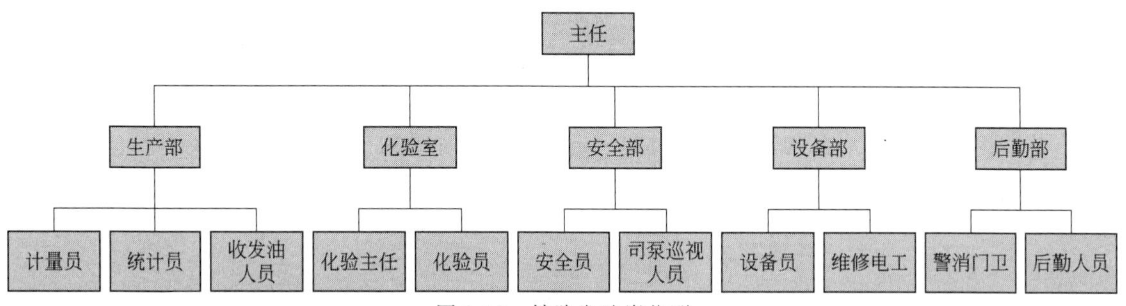

图 1-19　铁路发油岗位群

知识二　油库标准化管理

一、安全标准化目标管理

（1）油库安全标准化体系办公室负责依据上级公司分解承包的目标制定油库具体的健康、安全、环境指标，并对各管理岗和班组实施分解承包，将具体指标落实到岗位。

（2）油库应结合业绩考核，每月进行一次安全标准化目标考核。

（3）油库安全标准化目标的分解与考核可与综合业绩管理合并进行。

（4）目标建立的依据

① 上级公司安全标准化管理体系方针及其承诺。

② 上级公司健康、安全、环境目标。

③ 现行的法律、法规要求及公司应遵守的其他要求，确定的重要环境因素和危害因素。

④ 满足产品要求所需的内容及相关方的观点。

⑤ 新的安全标准化技术，以及经济、运作的可行性。

二、安全标准化组织

（1）油库应成立安全标准化体系办公室，主任为油库安全标准化第一责任人。油库主任、副主任应获取当地安全监督管理部门颁发的从业资格证书，并宜通过地（市）级以上公司开展的相应级别的安全知识考核。

（2）油库和各生产作业班组均应设专（兼）职安全员，实现班班有安全员，以检查督促安全标准化管理措施的落实。安全员宜通过地（市）级公司开展的相应级别的安全知识考核。

（3）无专职消防队的油库应成立义务消防组织，定期进行培训和演练，做到会报警、会使用灭火器材、会使用防护器具和会自救互救。

（4）油库应按应急管理要求，统一完善应急组织，确保应急活动中各岗位职能的相对固定。

（5）油库应与毗邻单位建立联防组织，每半年至少开展一次联防活动。

在铁路装卸油作业现场，根据一次性到库油罐车数目，装卸油鹤管与集油管的连接位置不同，选择不同的装卸油鹤管进行装卸油作业，系统中的介质流量不一样，装卸效率也就不同。一般凭经验选择装卸油作业方案进行装卸作业，缺乏相关的理论指导，装卸作业方案可能不是最优的。为了减少装卸油作业时间，提高装卸油作业效率，请查阅相关资料，从理论上提出最优的装卸油作业方案，更好地指导现场进行装卸油作业。

子任务二　公路收发油仿真操作

任务描述

本项任务为使用油库仿真系统进行公路发油仿真操作，由油罐V-2001收油至“罐车”。详细流程图可扫描二维码附图2查看。

附图2

任务目标

知识目标

1. 了解公路收发油的工艺流程。
2. 掌握公路收发油的岗位操作票的制作。
3. 掌握公路收发油的实际操作。

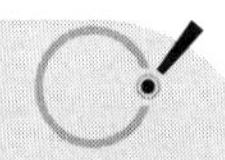

能力目标

1. 能够进行公路收发油的数质量控制。

2. 能够进行公路收发油运行系统的维护和管理。

3. 掌握常见仪表的结构、工作原理、选用原则、使用注意事项。

素质目标

1. 具有良好的人际关系和团队精神。

2. 具有健康的身体和良好的心理素质。

3. 具有化工安全、质量、环保、节能降耗、按章操作的意识。

职业技术标准

一、职业标准

《油气输送工国家职业标准》（高级工）

二、技术标准

《道路运输危险货物车辆标志》（GB 13392—2005）
《液化石油气危险货物危险特性检验安全规范》（GB 21176—2007）
《公路运输危险货物包装检验安全规范》（GB 19269—2009）

活动一　编制《公路发油岗位群岗位操作票》

一、操作要点

（1）严格按照发油台操作规程给油罐车装油。

(2) 安全、及时、准确地完成当天的发油任务。

(3) 认真做好流量表运行记录和交接班记录。

(4) 搞好优质服务，提高效益，节约费用。

(5) 每天对设备和设施进行检查、维护和保养。

(6) 交班要交清楚，尤其要交代好安全事项。

(7) 积极学习和参加班组的各项活动和油库的安全学习活动。

(8) 做好发油台的安全工作，严防多发、少发，以及油品跑、冒、滴、漏等事故的发生。

二、编制《公路发油岗位群岗位操作票》

公路发油岗位群岗位操作票见表 1-31。

表 1-31　公路发油岗位群岗位操作票

单位：　　　　　　　　　　　编号：

发令人		受令人		发令时间	
操作开始时间：			操作结束时间：		
( )是否在监护下操作					
操作任务:进行“罐车”储油库卸油至外浮顶罐 V-2001 的操作					

操作顺序	操作项目	备注
1		
2		
3		
4		
5		
6		

备注：

操作人		监护人		运行值班负责人	

活动二　编制《公路收油岗位群岗位操作票》

一、操作要点

(1) 根据油库的工作任务，在班长带领安排下，按照油库规定，安全、准确、及时对公路来油进行接卸，按章操作，认真完成工作任务，并做好工作记录。

（2）认真负责好本岗位安全生产区域日常设备的维护保养和卫生场所的工作。

（3）严格执行安全生产的各种规章制度，确保安全作业。

（4）积极参加消防技能训练，做好义务消防员的工作及本岗位业务技能的学习与培训。

（5）服从接受上级主管领导及班组的安全教育，认真完成布置的工作任务。

二、编制《公路收油岗位群岗位操作票》

公路收油岗位群岗位操作票见表 1-32。

表 1-32　公路收油岗位群岗位操作票

单位：　　　　　　　　　　　　编号：

发令人		受令人		发令时间	
操作开始时间：			操作结束时间：		
（　）是否在监护下操作					
操作任务：进行“罐车”储油库发油至外浮顶罐 V-2001 的操作。					

操作顺序	操作项目	备注
1		
2		
3		
4		
5		
6		
备注：		

操作人		监护人		运行值班负责人	

活动三　实施公路收发油仿真操作

一、收油操作

附图 2

依据按照《公路收发油仿真标准化操作计划书》，由油罐 V-2001 收油至“罐车”（图 1-20）。详细流程图可扫描二维码附图 2 查看。

图 1-20　公路收发油仿真图

公路收　0＃柴油

操作员——确认收油罐号 V-2001。

操作员——确认油品品种。

操作员——确认油罐中油品油温、含水。

操作员——联系调度确认收油罐的罐号。

操作员——联系调度室准备收油。

班长——做好检尺记录。

班长——通知调度收油操作即将开始。

操作员——检查罐车静电线是否接地。

操作员——现场摆放灭火器，并检查灭火器是否合格。

操作员——检查鹤管是否接地并将卸车鹤管与罐车油罐底部卸车阀连接。

操作员——将罐车卸车阀打开，并确认无泄漏。

操作员——打开收油油罐的罐根阀门 XV2017。

操作员——打开控制阀 XV2020。

操作员——打开控制阀 XV3011。

操作员——打开控制阀 XV3035。

操作员——打开控制阀 XV5020。

操作员——通知班长公路油罐卸油流程已切换完成。

班长——通知调度室卸油流程已切换完成准备卸油。

班长——检查卸车现场消防器材是否准备充足并为合格灭火器。

班长——检查罐车地线是否接好。

班长——检查鹤管地线是否接好。

班长——检查收油罐 V-2001 的罐根阀门 XV2017 是否开启。

班长——检查控制阀 XV2020 是否开启。

班长——检查控制阀 XV3011 是否开启。

班长——检查控制阀 XV3035 是否开启。

班长——检查控制阀 XV5020 是否开启。

班长——检查控制阀 XV3010 是否关闭。

班长——检查控制阀 XV5021 是否关闭。
班长——通知操作员进行收油操作。
操作员——开启输油泵 B3。
操作员——当压力达到 0.3MPa 后，逐渐开启控制阀 XV3010。
操作员——开启控制阀 XV5021 进行卸车作业。
操作员——做好记录。
班长——检查卸油流程中有无泄漏。
班长——检查脱水口有无漏油。
班长——检查人孔有无漏油。
班长——对收油过程中 V-2001 储罐的实时数据进行记录。
操作员——通知班长收油操作完成，准备进行停工操作。
操作员——收油完成关闭控制阀 XV5021。
操作员——关闭控制阀 XV5020。
操作员——关闭控制阀 XV3010。
操作员——关停输油泵 B3。
操作员——关闭控制阀 XV3011。
操作员——关闭控制阀 XV2020。
操作员——关闭控制阀 XV2017。
操作员——通知班长收油流程已经关闭。
班长——检尺，计算收油量。
班长——做好收油后的各项记录。

二、发油操作

依据按照《公路收发油仿真标准化操作计划书》，由油罐 V-2001 发油至“罐车”（图 1-21）。详细流程图可扫描二维码附图 2 查看。

图 1-21　管路阀门仿真操作

附图 2

公路发 0＃柴油

操作员——检查待装油容器是否符合装油要求。
操作员——检查静电导线等附件是否完好。
操作员——检查发油流量表技术性能是否完好、有无渗漏。

班长——检查罐车静电导线等附件是否完好。
班长——确认发油罐号为 V-2001。
班长——确认油品品种。
操作员——联系调度确认付油罐的罐号。
操作员——付油前油罐检尺。
操作员——做好检尺记录。
操作员——通知调度联系相关单位付油操作即将开始。
操作员——打开付油罐的罐根阀门 XV2016。
操作员——打开控制阀 XV2018。
操作员——打开控制阀 XV6040。
操作员——打开控制阀 XV6034。
操作员——通知班长流程切换完毕。
班长——流程复查，确认付油罐的罐根阀门 XV2016 开启。
班长——确认控制阀 XV2018 开启。
班长——确认控制阀 XV6040 开启。
班长——确认控制闷 XV6034 开启。
班长——流程确认完毕通知调度室准备进行发油操作。
班长——收到调度室指示后，通知操作员进行发油操作。
班长——将流量计 FIC5008 流速设置为 2m/s，油量设置为 $50m^3$。
操作员——操作员开启付油泵 P-6001。
操作员——当压力达到 0.3MPa 后，缓慢开启 XV6036。
操作员——开启鹤管控制阀 XV5029。
操作员——通知班长付油操作已经开始。
班长——班长收到通知，对整个流程进行检查，确认是否有跑冒滴漏情况。
操作员——操作员对现场付油过程进行实时监控并随时记录。
操作员——通知班长付油完成。
班长——班长收到操作员通知，进行关闭付油流程操作。
班长——通知调度室付油完成。
操作员——关闭鹤管控制阀 XV5029。
操作员——关闭控制阀 XV6036。
操作员——关闭控制阀 XV6034。
操作员——关闭控制阀 XV6040。
操作员——关闭控制阀 XV2018。
操作员——关闭付油罐的罐根阀门 XV2016。
班长——检尺、计算实际付油量。
班长——做好付油后的各项记录。

三、填写操作记录表

公路发油操作记录表见表 1-33。

表 1-33 公路发油操作记录表

<table>
<tr><td colspan="5">条件：V-2001，储罐尺寸为 1800mm(直径)×2000mm(高)，储存油品为原油，发油设定值为 290L</td></tr>
<tr><td colspan="4">工况信息确认(14 分)</td><td rowspan="7">得分：</td></tr>
<tr><td>发油罐罐号(3 分)</td><td colspan="3"></td></tr>
<tr><td>发油品类型(2 分)</td><td colspan="3"></td></tr>
<tr><td>油温(2 分)</td><td colspan="3"></td></tr>
<tr><td>发油前液位(2 分)</td><td colspan="3"></td></tr>
<tr><td>发油后液位(2 分)</td><td colspan="3"></td></tr>
<tr><td>付油总量(3 分)</td><td colspan="3"></td></tr>
<tr><td colspan="4">V-2001 记录表(每分钟记录一次，且需进行截屏操作)(4 分)</td><td rowspan="9">得分：</td></tr>
<tr><td>时间</td><td>液位</td><td>温度</td><td>备注</td></tr>
<tr><td></td><td></td><td></td><td></td></tr>
<tr><td></td><td></td><td></td><td></td></tr>
<tr><td></td><td></td><td></td><td></td></tr>
<tr><td></td><td></td><td></td><td></td></tr>
<tr><td></td><td></td><td></td><td></td></tr>
<tr><td></td><td></td><td></td><td></td></tr>
<tr><td></td><td></td><td></td><td></td></tr>
<tr><td colspan="4">总分</td><td></td></tr>
<tr><td>调度员签字</td><td colspan="2"></td><td>操作员签字</td><td></td></tr>
</table>

一、操作得分表

公路发油操作考核现场操作评分表见表 1-34。

表 1-34 公路发油操作考核现场操作评分表（18 分）

<table>
<tr><th>考核项目</th><th>序号</th><th>考核内容</th><th>考核记录</th><th>小项分值</th><th>小项扣分</th><th>本项得分</th></tr>
<tr><td rowspan="2">发油前罐车操作</td><td>1</td><td>油罐车接静电接地线</td><td>油罐车接静电接地线(　　)</td><td>4</td><td></td><td></td></tr>
<tr><td>2</td><td>收油前罐车出口阀检车</td><td>开启罐车出口阀(　　)</td><td>2</td><td></td><td></td></tr>
</table>

续表

考核项目	序号	考核内容	考核记录	小项分值	小项扣分	本项得分
现场操作	3	在转油期间巡检情况，未巡检1处扣1分(共6个巡检点)	V-1001罐区巡检(　　)	1		
			V-2001A罐区巡检(　　)	1		
			V-2001B罐区巡检(　　)	1		
			V-3001罐区巡检(　　)	1		
			P-1001/P-3001泵区巡检(　　)	1		
			P-2001A/P-2001B泵区巡检(　　)	1		
发油后罐车操作	4	收油后罐车"检尺"	收油后罐车"检尺"(　　)	4		
	5	断开静电接地线	断开静电接地线(　　)	2		

二、文明生产得分表

文明生产得分表见表1-35。

表1-35　文明生产得分表

序号	违规操作	考核记录	项目分值	扣分
1	按照石化行业有关安全规范，着工作服、手套，佩戴安全帽。未佩戴或佩戴不规范(安全帽未系带、工作服未系扣、外操进入装置操作时未戴手套)每项扣2.5分，扣满10分为止	时间:(　　)安全帽佩戴不规范	2.5分	
		时间:(　　)工作服穿戴不规范	2.5分	
		时间:(　　)手套佩戴不规范	2.5分	
		时间:(　　)其他配套劳保用具佩戴不规范	2.5分	
2	进入储油库操作前需提前触摸静电消除球，每次进入前未触摸扣5分，扣满20分为止	时间:(　　)未触摸静电消除球	5分	
		时间:(　　)未触摸静电消除球	5分	
		时间:(　　)未触摸静电消除球	5分	
		时间:(　　)未触摸静电消除球	5分	
3	保持现场环境整齐、清洁、有序，出现不符合文明生产的情况，每次扣10分(嬉戏，打闹，坐姿不端，乱扔废物，串岗等)，扣满20分为止	时间:(　　)嬉戏，打闹，坐姿不端，乱扔废物，串岗	10分	
		时间:(　　)嬉戏，打闹，坐姿不端，乱扔废物，串岗	10分	
4	内外操记录及时、完整、规范、真实、准确，弄虚作假每次扣10分，扣满50分为止	时间:(　　)	10分	
		时间:(　　)	10分	
		时间:(　　)	10分	
		时间:(　　)	10分	
		时间:(　　)	10分	

续表

序号	违规操作	考核记录	项目分值	扣分
5	考核期间出现由于操作不当引起的设备损坏、人身伤害或着火爆炸事故，考核结束不得分；出现重大失误导致任务失败，考核结束不得分	时间：(　　)安全事故	100分	
		时间：(　　)重大失误	100分	
注：文明生产考核过程中根据操作员的违规操作逐项扣除，扣满100分为止，出现安全事故或者重大失误考核立即结束；最高得分100分，最低得分0分				
考评员签字： 操作员签字：		扣分合计： 得分合计：		

知识一　公路发油岗位群

（1）复核流量表表盘底数是否与运行记录相符（不符应做记录）。

（2）开票员应在每班开机后，对照一遍各装车仪的流量系数、膨胀系数，提前量A和提前量B（流量系数、膨胀系数两个参数不允许修改；提前量A和提前量B运行中产生变化可进行修改，一般只校对不修改），根据计量员提供的当天发油密度通知上的标准密度输入密度值。如果是手动控制装车仪，需在每天发货前对各装车仪上的参数进行一次检查。

（3）发油台工作人员应在非装车状态下，按自检键输入模拟量自检，当屏幕交替显示累计值和End，证明系统正常。

（4）复核流量表盘底数是否与运行记录相符（不符应做记录并由交接班及负责人进行三方验证）。

（5）检查流量计、阀门、装车臂鹤管等技术性能是否完好，有无渗漏；检查排静电装置是否完好；备齐汽车装车作业及防止油品洒漏的应急用工具。

（6）检查夜间作业的照明设备是否完好。

（7）公布当班该鹤位所发油品及标准密度。

知识二　公路收油岗位群

（1）运输员预先接到公司业务汽车油品来源的通知后，报告油库值班领导及通知各岗位相关人员做好提前准备工作。

（2）运输员根据接受油料任务书向油库主管领导报告，并按主管领导的指示通知化验、计量、收油及消防部门有关人员进入卸油前期工作。

（3）汽车入库先到发油台经车辆安全检查合格后，引导进入计量平台。

（4）罐车静置3min后，通知计量员按规定程序进行计量，化验员按规定对来油采样进行入库化验。

（5）运输保管负责填写《汽车卸油作业看板》看板命令，待结果准确出来后，计量员、化验员及相关人员签字确认。

（6）油库值班员核实油品数量、质量符合卸车条件后，签发《汽车卸油作业看板》。

（7）运输保管通知罐车司机进入接卸现场，并引导汽车从库区南门进入卸油泵隔栅停放在指定的地点。

随着公路自动化发油系统应用频率的不断提高，该系统发生溢油现象的概率越来越高。只有在了解溢油原因的基础上，采取有效措施进行防范，才能极大提高该系统的应用效果。请查阅相关资料，针对公路自动化发油系统的溢油风险形成的原因，提出防范策略。

模块二

储罐及其附件作业

油品储罐的安全运行，有助于提高储油库日常生产的安全性。本模块对油品储罐附件的运行状况进行分析，加强对油品储罐的维护保养，介绍常见的故障及排除方法，提高储罐的安全运行效率，满足石化企业生产的需要。

任务一 储罐投产操作

子任务一 储罐清洗操作

任务描述

由于加工和储运等客观条件的限制，成品油中会含有少量的水分、杂质。储油库在经营成品油过程中，这些水分、杂质将沉淀到储罐底部。这样，储罐在使用一段时间后，其底部会积存一些水分、杂质。这些水分、杂质的存在，不仅会影响油料的质量，而且会对储罐产生腐蚀，因此，储罐必须定期清洗。通过清洗储罐，去除储罐内积存的水分、杂质，从而保证油品的质量，减少它们对储罐(主要是罐底)的腐蚀，还可以为储罐的检修工作做准备。因此储存和经营石油产品的场所应做好储罐清洗工作。本任务为储罐清洗操作。

任务目标

知识目标

1. 熟悉储罐清洗的方式方法与基本操作。
2. 了解油罐防腐蚀的措施。

能力目标

1. 能够编制《储罐清洗标准化操作计划书》。
2. 能够制作《储罐蒸汽洗作业操作卡》。
3. 能够编制《储罐湿洗作业验收单》。

素质目标

1. 遵守国家标准，养成良好的规范操作、文明操作意识。
2. 能通过各种媒体资源查找所需信息，具有自主学习新知识、新技术的能力。
3. 具有较强的环保意识和安全意识。

职业技术标准

一、职业标准

《油气输送工国家职业标准》（高级工）

二、技术标准

《储罐机械清洗作业规范》（SY/T 6696—2014）

活动一　编制《储罐清洗标准化操作计划书》

表 2-1 为储罐清洗标准化操作计划书。

表 2-1　储罐清洗标准化操作计划书

项目	序号	操作内容	确认
步骤一：作业准备	1	成立清罐领导小组	[ ]
	2	危害识别，制订清罐方案及安全措施。清罐主要有缺氧窒息、有毒有害气体中毒、火灾、爆炸、高处坠落、物体打击、机械伤害、触电等危险有害因素	[ ]
	3	选择合格承包商，指定双方作业监护人，对作业监护人和施工人员进行安全教育，考核合格后签订安全协议	[ ]
	4	现场交底，做好安全措施及物资、工具、器材的准备工作	[ ]
步骤二：排出底油	1	计量罐内油品，液位转输或发油至输油管出口以下	[ ]
	2	设置警戒区、警戒线、警戒标志。（注：一般规定罐壁四周 35m 范围内为警戒区）	[ ]
	3	断开相连管线加盲板，并挂牌标识	[ ]
	4	断开相连导线	[ ]
	5	采用机械抽吸排出底油法： (1)通过排污阀自流排油，直至油不再排出时为止。 (2)将带静电导出线的胶管由储罐低位人孔（或管线）插入罐底，用真空泵（配套电机应为隔爆型，并置于防火堤以外）抽吸底油，放至回空罐、油水分离罐（池）或油桶等内。 (3)采用电动机械抽吸应办理临时用电、用火作业许可证	[ ]
	6	采用垫水排出底油法： (1)储罐倒空后应精确计量底部的存油（水）量并记录。 (2)垫水时应选择其适宜的开孔处，将带静电导出线的胶管伸至储罐底部。垫水初始流速应控制在 1m/s 左右，油水界面位于出油管线上沿 0.5～1cm 为宜。 (3)垫水结束后，抽出进水胶管，用临时敷设的胶管将垫起的底油放至回空罐、油水分离罐（池）或油桶内。同时计量检查底油是否完全排空	[ ]
步骤三：油气排除	1	排除油气主要有通风、充水、蒸汽三种方法，实际操作中应以机械通风、自然通风为宜，并断开储罐防雷防静电接地	[ ]
	2	机械通风作业程序： (1)打开罐顶上部光孔、量油孔，卸下呼吸阀和储罐下部人孔等。 (2)储罐人孔、上罐入口处设置“危险！严禁入内”警告牌。 (3)采取正压通风，通风量应大于残油的散发量。 (4)以风筒连接风机与储罐下部人孔。 (5)进行间歇式通风	[ ]
	3	对于空气流通良好的储罐，可采用自然通风十天以上的方法	[ ]
步骤四：油气检测	1	采用两台以上相同型号规格的防爆型可燃气体测试仪进行检测	[ ]
	2	检测储罐内及附近 35m 范围内可能存留油品蒸气的油气浓度	[ ]
	3	每次通风前（或通风期间每天）检测油气浓度，并做好记录	[ ]

续表

项目	序号	操作内容	确认
步骤五：进罐准备	1	办理进入受限空间作业许可证(涉及用电、用火应办理对应许可证)	[ ]
	2	检查清罐工具、应急救护器具和灭火器材是否齐备、可靠	[ ]
	3	照明应采用防爆手电筒作局部照明或电压不应超过12V	[ ]
	4	清罐作业人员应穿戴防静电服、佩戴安全帽	[ ]
步骤六：进罐清洗	1	再次复核，确认作业许可证、安全措施。 填写《进入受限空间作业安全生产确认单》	[ ]
	2	登记记录入罐人数及工具数量	[ ]
	3	作业人员腰部系有救生信号绳索	[ ]
	4	作业人员佩戴隔离式呼吸器具进罐作业时，每30min轮换一次	[ ]
	5	作业期间每隔4h检测一次油气浓度	[ ]
	6	清除污杂	[ ]
	7	作业结束后，清点作业人员和设备工具	[ ]
步骤七：验收复位	1	清罐领导小组组织人员验收、检查	[ ]
	2	验收合格后，设备复位	[ ]
	3	清罐资料整理归档	[ ]

活动二　制作《储罐蒸汽洗作业操作卡》

表2-2为储罐蒸汽洗作业操作卡。

表2-2　储罐蒸汽洗作业操作卡

项目	序号	操作内容	确认
排除油蒸气	1	首先向罐内放入少量的水	[ ]
	2	将蒸汽管做好接地(蒸汽管一般做成十字形接管，管上均匀钻小孔)，用竹竿或木杆自人孔处将蒸汽管伸入储罐中的四分之一处	[ ]
	3	打开光孔等使储罐有足够大的蒸汽排放通道	[ ]
	4	在罐外固定好蒸汽管道，然后缓慢通入蒸汽。当罐内温度升到65～70℃时，维持到要求时间	[ ]
气体检测	1	气体检测的范围，应包括甲类、乙类、丙A类油品的储罐内等作业场所及附近35m范围内可能存留油品蒸气的油气浓度	[ ]
	2	必须采用两台以上相同型号规格的防爆型可燃气体测试仪，并应由经过训练的专门人员进行操作，若两台仪器数据相差较大时，应重新调整测试。如需动火作业时，尚应增加一台防爆型可燃气体测爆仪	[ ]
	3	每次通风(包括间隙通风后的再通风)前以及作业人员入罐前都应认真进行油气浓度的测试，并应做好详细记录	[ ]
	4	作业期间，应定时进行油气浓度的测试。正常作业中每8h内不少于两次，以确保油气浓度在规定范围之内	[ ]

续表

项目	序号	操作内容	确认
气体检测	5	对于动火分析的油气浓度测试，应采用可燃气体测试仪和测爆仪同时测定，并于动火前30min之内进行。如果动火中断30min以上，必须重新做动火分析。试样均应保留到动火结束之后	[ ]
	6	测试仪器必须在有效检定期之内，方可使用	[ ]
入罐作业	1	检测人员应在进罐作业前30min再进行一次油气浓度检测，确认油气浓度符合规定的允许值，并做好记录。清罐作业指挥人员会同安全检查人员进行一次现场检查	[ ]
	2	安全（监护）人员进入作业岗位后，作业人员即可进罐作业	[ ]
	3	作业人员在佩戴隔离式呼吸器具进罐作业时，一般30min左右轮换一次	[ ]
	4	作业人员腰部宜系有救生信号绳索，绳的末端留在罐外，以便随时抢救作业人员	[ ]
	5	如储罐需进行无损探伤或做内防腐时，应用铜刷进一步清除铁锈和积垢，再用金属洗涤剂清洗，并用棉质拖布擦拭干净	[ ]
	6	清除储罐污杂，在作业期间应淋水，以防自燃	[ ]

活动三　编制《储罐湿洗作业验收单》

表2-3为储罐湿洗作业验收单。

表2-3　储罐湿洗作业验收单

序号	验收要点	配分	得分	扣分点	备注
1	达到无明显铁锈、杂质、水分、油垢	10			
2	清除罐底、罐壁及其附件表面沉渣油垢，达到无明显沉渣及油垢	20			
3	检修及内防腐需要清洗的储罐	10			
4	对储罐底板、圈板以及其他附件进行认真检查并加以维修养护	20			
5	底板、底圈板及顶板进行测厚检查	10			
6	恢复储罐原来的系统	10			
7	储罐底板及进（出）油管线以下的底圈板进行内壁防腐处理	20			
负责人： 年　月　日					

附储罐验收要求如下：

（1）用于储存高级润滑油和性质要求相差较大储罐的重复使用，要求达到无明显铁锈、杂质、水分、油垢，用洁布擦拭时，应不呈现显著的脏污油泥、铁锈痕迹。

（2）属于定期清洗，不改储其他油品时，应清除罐底、罐壁及其附件表面沉渣油垢，达到无明显沉渣及油垢。

（3）属于检修及内防腐需要清洗的储罐，应将油污、锈蚀积垢彻底清除干净，用洁布擦拭至无脏污、油泥、铁锈痕迹且应露出金属本色，即可进行内防腐和检修。

（4）验收合格后的储罐在有监督的条件下，立即封闭人孔、光孔等处，连接好有关管线，恢复储罐原来的系统。一般应采取谁拆谁装，谁装谁拆的做法以防止遗漏。

（5）储罐清洗作业结束后，应由专业技术和维修人员对储罐底板、圈板以及其他附件进行认真检查并加以维修养护。应对底板、底圈板及顶板进行测厚检查，并做好记录。

（6）应结合储罐清洗对储罐底板及进（出）油管线以下的底圈板进行内壁防腐处理。涂刷高度不宜过大，否则应考虑静电导出措施。

一、储罐清罐考核项目及评分标准

储罐清罐得分表见表 2-4。

表 2-4 储罐清罐得分表

项目	考核内容及要求	评分标准	配分	得分
准备	穿工作服，佩戴好劳动保护用品，文明操作，遵守秩序，保证操作安全	未穿工作服，未按规定正确穿戴劳动保护用品扣 5 分，不文明操作扣 5 分	10	
操作过程	储罐清扫前检查罐内油品是否排净	检查不仔细，影响正常清罐工作扣 10 分，造成事故不得分	15	
	对罐内气体采样分析，确认罐内含氧量及可燃气含量达到规定标准方可进入。作业期间每隔 4h 取样复查一次，如有一项不合格，应立即停止作业	未进行气体采样分析或未按时分析扣 10 分，造成事故不得分	20	
	进罐作业人员应携带便携式可燃气报警器，随时监测罐内可燃气体浓度，并应注意选择油气易于聚集的低洼点和死角	未带便携式可燃气报警器进罐扣 10 分，造成事故不得分	15	
	清罐时必须使用防爆工具	未使用防爆工具清罐扣 10 分，造成事故不得分	15	
	清罐、检查结束后，通知质检部门对储罐进行检查验收，合格后签发清罐合格单，并及时封罐	清罐结束后，验收合格后未及时封罐扣 5 分，造成事故不得分	15	
团队协作	团队的合作紧密，配合流畅，个人操作能力较好	团队合作不紧密扣 5 分，个人操作能力差扣 5 分	10	
考核结果				
组长签字				
实训教师签字并评价				

二、清罐作业风险控制检查

清罐作业风险控制检查得分表见表 2-5。

表 2-5 清罐作业风险控制检查得分表

检查部门			检查人		
受检实施项目			检查时间		
序号	项目	内容	检查方法	检查记录	检查结果
1	人的行为	安全意识	提问、查培训资料		
		施工人员管理	检查证件和记录		
		习以为常,习惯性动作	现场观察		
		对油品特性熟不熟悉	提问		
		进入受限空间作业防护措施	看劳保护具和防护用具		
		作业指导书作业执行情况	提问、对照现场逐一检查		
		监护情况	双方监护人员及记录		
		监督检查	看监督检查记录		
		监护内容	提问现场监护人员		
		应急处置	提问、简单模仿操作		
2	物的状态	泥浆泵防爆等级	根据提供设备检查		
		轴流风机防爆等级	现场检查		
		防爆工具配备	现场检查		
		防护措施	标准规范		
		劳保用品	现场检查		
		检测仪器	现场检查并使用		
		车辆状况	现场检查		
		设备接地及检测	查记录并抽检		
		输油管及电缆线完好情况	现场检查		
		临时用电情况	根据规范和现场布置		
3	资质审核	安全生产许可证	有资料并在有效期内		
		排污许可证	有资料并在有效期内		
		安全资格证书	有资料并在有效期内		
		市场准入证	有资料并在有效期内		
		安全合同	有资料并在有效期内		
4	票证管理	清罐作业指导书	提问并对照检查		
		受限空间作业票	现场查看并提问		
		临时用电作业票	现场查看并提问		
		动火作业票	现场查看并提问		
		盲板抽加作业票	现场查看		
		外来成员统计表	查记录并对照点名		
		受限空间作业监护记录	查记录并对照点名		
		静电接地检测记录	查记录并抽检		

续表

序号	项目	内容	检查方法	检查记录	检查结果
4	票证管理	油气浓度及含氧量检测记录	查记录并抽检		
		油库施工现场监护确认表	查记录		
		开工令	查资料		
		清罐作业安全检查表	监督检查人员自带表		
		安全监督检查签到表	现场查记录		
5	环境状况	安全通道、消防道路	根据规范检查		
		警戒线范围	根据规范检查		
		器具摆放	查现场		
		消防器具摆放	检查有效范围及备用状态		
		安全标识	现场检查		
		天气环境	查记录和安全讲话		
		作业场地环境	通过		

知识一　储罐清洗注意事项

（1）进入轻质油品储罐（图 2-1）内，要用防爆工具。

（2）罐内作业照明要用安全防爆照明灯或防爆手电。

（3）罐内清洗要彻底，罐壁、罐顶、罐底、加热器、进出口油管、脱水管内等均要清洗干净，不许留有油、油气或油污。

（4）浮顶罐，要仔细检查浮船的每一个船舱，浮盘密封圈等是否漏油，如果漏油，要将其中的油处理干净，并用蒸汽蒸煮，直至无油气为止。

图 2-1　轻质油品罐

（5）内浮顶罐要仔细检查浮筒和密封圈等是否漏油，如果漏油，要将其中的油处理干净，并用蒸汽蒸煮，直至无油或油气为止。

（6）确认罐内各种有毒有害物质及氧含量合格，交付检修。

（7）储罐应定期清除罐底积物，清洗时间可根据储罐沉积程度和质量要求而定，一般每两年左右清洗一次，并填写大罐清洗记录。

（8）只有当罐内瓦斯浓度低于爆炸下限，并且油品蒸气浓度低于最大允许浓度的0.5%，含氧量在20%以上时，方可进罐清洗。

（9）清罐时要有充分的安全措施，并办理进罐作业票，不准单独一人进入罐内，进罐人员身上应栓有结实的救生信号绳，绳末端留在罐外，罐外人孔处附近要有监护人，随时救护罐内人员。

（10）清洗储罐时，应先用高压水沿壁向下冲洗，罐壁应无油污，罐底杂质全部清除，清除工具应用木质和铜制工具，清除出的铁锈和含硫杂质，有的有自燃危险，应及时运出罐区埋入坑内。

（11）内浮顶罐在清洗和检修时，要将处于最低位置的内浮盘调整到检修位置，调整的方法是将油品液面控制在浮盘的检修位置与高位带芯人孔之间的位置，打开高位带芯人孔，自然通风使罐内空间油气浓度在允许范围内并采取好安全措施时方能进入调节。

知识二　储罐干洗法

图 2-2　储罐抽油污

（1）排除罐内存油（图 2-2）。

（2）通风排除罐内油气，并测定油气浓度是否在安全范围。

（3）人员进罐清扫油污、水及其他沉淀物。

（4）用锯末干洗。

（5）清除锯末，用铜制工具除去局部锈蚀。

（6）用拖布彻底擦净。

（7）干洗质量检查验收。

知识三　储罐湿洗法

（1）排除罐内存油（图 2-3）。

图 2-3　排除罐内存油

（2）通风排除罐内油气，并测定油气浓度是否在安全范围。

（3）人员进罐清扫油污、水及其他沉淀物。

（4）用 290～490kPa 高压水冲洗罐内油污和浮锈。

（5）尽快排除冲洗污水，并用拖布擦净。

（6）通干燥风除湿。

（7）用铜制工具除去局部锈蚀，用拖布彻底擦净。

（8）湿洗质量检查验收。

知识四　储罐蒸汽洗法

（1）排尽罐内存油。

（2）通风排除罐内油气，并测定浓度是否在安全范围。

（3）人员进罐清扫油污、水及其他沉淀物，如图 2-4 所示。

（4）用蒸汽清洗，此法主要用于清洗重油储罐。

（5）用高压水清洗油污，排尽污水，用锯末干洗。

（6）清除锯末，用铜制工具除去局部锈蚀。

（7）用拖布彻底清除脏物。

（8）检查验收洗罐质量。

图 2-4　人员进罐清扫油污

知识五　储罐化学洗法

（1）排除罐内存油。

（2）通风排除罐内油气，并测定其浓度是否在安全范围内。

（3）人员进罐清洗油污、水及其他沉淀物。

（4）用洗罐器喷水冲洗系统及设备。

（5）酸洗除锈 90～120min。

（6）排出酸液，清水冲洗约 20min，使冲洗液呈中性为宜。

（7）排出污水，做两次钝化处理，第一次约 3min，第二次约 8min。

（8）钝化 5～10min 后，再次用 290kPa 压力水冲洗 8～12min。

（9）排出冲洗水（图 2-5），用拖布擦净。

（10）通风干燥。

（11）检查验收化学洗罐质量。

图 2-5　排出储罐冲洗水

原油储罐在使用过程中，由于生产经营范围变动，需要更换储存其他油品，并需对原油储罐进行清洗。原油闪点低于28℃，属于一级危险品，油蒸气不仅易燃、易爆，而且有毒，因此，清洗油罐是一项比较危险的作业。请查阅相关资料，综合储罐的多种清洗方法，结合实际生产，合理选择出经济实惠、清洗效果好的清洗方法。

子任务二　储罐切水操作

任务描述

成品油中通常含有少量的水，油品在油罐中静置储存期间水分会逐渐析出并沉积在储罐底部，这样储罐的底部就会沉积部分水层，如果水面高于储罐介质出口时有可能造成传输事故。为不影响油罐介质的品质以及其储存和输送，需把底部的水及时清除。切水即为将储罐中积水排出的操作。本任务为储罐切水操作。

任务目标

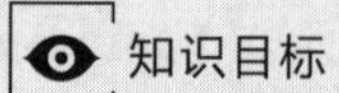

1. 了解原油含水的危害。
2. 掌握储罐切水的操作步骤与基本注意事项。

能力目标

1. 编制《原油切水标准化操作计划书》。

2. 实施切水质量控制。

3. 制作《石脑油罐切水作业操作卡》。

素质目标

1. 培养学生资料学习和吸收的能力。

2. 培养学生独立进行分析、设计、实施、评估的能力。

3. 培养学生获取、分析、归纳、交流、使用信息和新技术的能力。

职业技术标准

一、职业标准

《油气输送工国家职业标准》(高级工)

二、技术标准

《石油储罐附件　第8部分:钢制孔类附件》(SY/T 0511.8—2010)

活动一　编制《原油切水标准化操作计划书》

表2-6为原油切水标准化操作计划书。

表 2-6　原油切水标准化操作计划书

项目	序号	操作内容	确认
操作	1	确认储罐每运行 8h 进行一次切水操作，如果水较多应加密切水	
	2	开始操作时应先告知中控室，操作时应缓慢开启排污阀门，水放完后应迅速关闭阀门。因轻烃储罐操作压力较高，阀门开度不易过大，有水流出即可。操作完毕后应通知中控室	[ ]
	3	确认操作时排污管及地漏的通畅	[ ]
	4	冬季应特别注意电伴热的情况，发现异常及时处理	[ ]
巡回检查	1	检查运行罐现场浮子液位计与中控室远程是否一致	[ ]
	2	检查运行罐进料情况是否正常	[ ]
	3	检查阀门是否有“跑、冒、滴、漏”情况	[ ]
	4	检查罐区可燃气体探测器和火焰探测器工作是否正常	[ ]
维护保养	1	确认管道上截止阀、闸阀、电动阀的维护；按截止阀、闸阀、电动阀的维护要求定期进行维护，以保证其工作正常、性能稳定	[ ]
	2	确认对罐区周围的可燃气体探头、硫化氢探头、火焰探头定期进行维护、擦拭，确保正常使用	[ ]
安全及环保要求	1	确认罐区周围未堆放可燃物，对周边的杂草定期清理	[ ]
	2	确认安全附件是否齐全完好	[ ]
	3	确认仪表、火气线路是否绝缘完好	[ ]
	4	确认阀门无“跑、冒、滴、漏”现象	[ ]

活动二　切水质量控制

（1）各种油品罐底水尺均不得超过规定值（根据排水管对罐底的标高而定）。油品由装置入罐后，应充分沉降脱水。储存期间，各班检查脱水一次。收付作业前后，均应检查水尺，如超过规定值应及时脱水，尤其对原油罐、成品油罐更应充分脱水，确保原油质量和成品油质量。

（2）中间半成品罐满罐后沉降半小时进行脱水，不脱水不准向成品油罐转油。原油进装置前，应进行多次脱水，即罐没进油前底油脱水，满罐后沉降脱水，储存期间每班脱水，进装置前检查脱水。循环结束的油罐沉降 2h 后进行脱水。

（3）油罐脱水前应检查脱水阀、脱水管和下水井。脱水时，缓慢打开脱水阀，观察排水情况，若发现有油排出，应适当关小脱水阀，使脱水尽量少带油。脱水过程中，操作人员不得离开现场，以防跑油。

（4）重质油品在沉降过程中，应保持一定温度，一般可控制在储存温度范围内的较低温度值上。

（5）油罐脱出的含油污水应通过脱水池排入下水道中，不得随意排放到罐区地面上或其他地方，以免污染环境，发生事故。

（6）在脱水时，首先要释放掉身上的静电，严禁烟火，严禁在脱水过程中接打电话。在脱水过程中，应严密监视整个脱水过程，防止大量跑油。

活动三　制作《石脑油罐切水作业操作卡》

表 2-7 为石脑油罐切水作业操作卡

表 2-7　石脑油罐切水作业操作卡

编号：＿＿＿＿　时间：＿＿年＿＿月＿＿日　岗位：＿＿＿＿

项目	序号	内容	确认
作业前	1	导除人体静电	[ ]
	2	确认佩戴好防静电服装、安全防护用品	[ ]
	3	确认使用的工具为防爆工具	[ ]
	4	确认消防器材可正常使用	[ ]
	5	确认使用计量器具符合规定	[ ]
	6	停止对（　）罐的进、出油作业	[ ]
	7	检查（　）管线（　）阀门无渗漏，并双人复核	[ ]
	8	检查（　）油罐附件完好	[ ]
作业中	1	拆除排污阀盲板	[ ]
	2	操作人员缓慢开启闸阀放水，观察出水情况	[ ]
	3	核对液位仪相关数据	[ ]
	4	用量水尺测量水高，对（　）罐内水高进行计量，确认罐内水高经切水作业达到规定要求	[ ]
	5	停止切水，关闭闸阀	[ ]
	6	安装排污阀盲板	[ ]
	7	向班长报告（　）油罐切水情况	[ ]
作业结束	1	确认切水作业完毕	[ ]
	2	对现场进行检查	[ ]
	3	填写相关作业记录	[ ]

签发人：
签发时间：　年　月　日　时
执行人：
完成时间：　年　月　日　时

一、油罐切水操作得分表

油罐切水操作得分表见表 2-8。

表 2-8　油罐切水操作得分表

序号	考核内容	考核结果	得分	备注
1	是否导除人体静电；是否佩戴防静电服装、安全防护用品；使用的工具是否为防爆工具；确认消防器材是否可正常使用；确认使用计量器具是否符合规定；检查油罐附件是否完好（20 分）			
2	是否拆除排污阀盲板（10 分）			
3	操作人员是否缓慢开启闸阀放水，中间有无观察出水情况（10 分）			
4	是否核对液位仪相关数据（10 分）			
5	是否用量水尺测量水高，对（　）罐内水高进行计量，确认罐内水高经切水作业达到规定要求（20 分）			
6	是否停止切水，关闭闸阀，并安装排污阀盲板（10 分）			
7	作业结束后是否进行了确认切水作业的完毕（10 分）			
8	是否对现场进行了检查（10 分）			

二、油罐切水计划书得分表

油罐切水计划书得分表见表 2-9。

表 2-9　油罐切水计划书得分表

序号	考核内容	考核结果	得分	备注
1	编制的计划书是否可以进行操作（50 分）			
2	计划书内容是否完整、表述清楚、语法通顺（30 分）			
3	编写的格式是否规范（20 分）			

知识一　原油含水率指标

原油含水率直接影响到原油的开采、脱水、集输、计量、销售、炼化等，因此，在油田原油生产和储运的过程中，都要求检测原油含水率。原油含水率的在线检测对于确定油井出水、出油层位，估计原油产量，预测油井的开发寿命，具有重要意义。

知识二　油罐“三脱水”

（1）收油前脱水防止罐底有杂物，油罐进油时搅动杂物，造成油品乳化，影响油品质量。

（2）收油后沉降脱水由装置输送到罐区的油品时常夹带水或水蒸气，经冷凝、静置逐渐沉入罐底。一般情况下，轻质油沉降 2h，重质油沉降 4～8h 即可脱水。

（3）移动前脱水防止罐底杂物随油品转入其他油罐或装入槽车，影响出厂油品质量。油罐脱水前后均应检尺并计算脱水量，当脱水量小时，通过读水表来记录脱水量，以保证油品计量准确。

知识三　油罐切水操作要点

油罐脱水要达到脱净、安全、不跑油，精心操作十分重要。正确脱水主要应注意以下几点。

一、控制目标

（1）油罐积水不得高于油罐进出管线底部高度的三分之一。

（2）油罐切水必须排净积水。

二、正常操作

（1）油罐积水高于最高限位时，必须进行油罐切水。

（2）每年入冬前，必须进行油罐切水。

（3）油罐切水由油罐排水阀、排水沟排至隔油池，由含油污水设备处理后排出。

三、异常处理

（1）油罐积水过高时要及时切水。

（2）入冬前进行油罐切水时，注意处理好放水阀阀体内积水，以防止排水阀阀体冻裂。

四、脱水的操作方法

（1）油罐脱水时应根据含水量多少，控制阀门开度。一般来说，罐底水量大，阀门开度大一些；含水量少，阀门开度小一些。阀门不能全开，防止流量过大，脱水带油，造成油品损失。

（2）脱水时，操作人员应佩戴好防护用具，并站在上风方向，防止脱水时间过长，某些含毒油品油气致人中毒。

（3）脱水开始时，微开切水阀，两分钟后无水，则表示罐内没有存水，关闭脱水阀。

（4）当微开脱水阀，流出水后，适当开大脱水阀。

（5）脱水操作中应适度开、关脱水阀，缓慢脱水。脱水结束后，若切水阀是串联，则应先关靠罐体侧阀门后的第二道阀门。

（6）脱水过程中，操作人员禁止随意离开现场，严禁同时打开两个以上的脱水阀门，以防止观察不到发生跑油现象。

（7）油罐脱水完毕，应立即关闭脱水阀，防止跑油事故发生。特别是在巡回检查时一定要及时、到位。

（8）油罐脱出的含油污水排入下水道中，不得排入其他地区，以防污染和发生事故，切水量较大时要注意地沟排水能力，切勿外溢。

知识四　自动切水器

一、自动切水器工作原理

图 2-6 所示，自动切水器由筒体，进、出水口阀以及自动控制装置组成。利用不同油品介质与水的密度差产生浮力并采用杠杆原理，依靠浮筒在油水介质中的浮力差，使浮筒上下运动。通过高灵敏度杠杆系统对获得的浮力差进行倍数放大，使阀门的启闭更加灵敏，还可以根据用户的需要实现系统的自动监控，使罐区脱水管理自动化。

图 2-6　自动切水器

在切水器壳体上部设有进水口，下部设有排水口，内部有一个浮球，通过连接杆与另一端的小阀芯，配重通过连接杆安装在浮球上部。当浮球受浮力的作用上升或下降时，通过连接杆带动阀芯开启或关闭排水口。

二、自动切水器优点

（1）完美地运用了阿基米德定律和杠杆的放大原理，将油水密度差产生的浮力差巧妙地转化为动力，实现了不需要能源就能自动切水。

（2）无需任何动力来开关阀门，实现了自动控制，安全可靠。达到油和水自动分离、自动回油、自动排污的效果。

（3）结构简单，安装、操作、维护方便，密封性好，开关灵敏，无滴漏现象。

（4）功能齐全，适用范围广。

（5）使用寿命长，安装方便，安装时油罐不需要清罐动火。

三、自动切水器技术参数

（1）工作压力：≤0.2MPa。

（2）工作温度：0～80℃。

（3）切水含油量：≤80ppm。

（4）适用介质密度 ρ：≤960kg/m^3。

（5）蒸汽压力：0.1MPa≤p≤1.0MPa。

（6）适用范围：适用于比重不同的油品及其他化工产品的液体分离。

伴随国民经济发展步伐的加快，对油品质量、空气污染的控制要求越来越高，炼化企业

规模越来越大，随之储罐的数量急剧增加，采用传统的切水方式（人工现场脱水或机械式脱水）已经不能满足现代化企业的生产需求。为解决目前石化企业飞速发展与原油储罐切水自动化程度落后的矛盾以及虹吸式、无回油接口储罐的自动切水问题，请查阅相关资料，合理选择一种智能环保、故障安全型自动化切水系统。

子任务三　储罐附件操作

任务描述

储罐附件是储罐区运行的重要设备，按其作用分类，有些是为了完成油品收发作业和便于生产管理而设置的，有些是为了保障油罐使用安全、防止或消除各类油罐事故而设置的。本任务针对储罐部分附件进行了讲解，使得员工对储罐附件日常维护的保养、操作故障的排除有一定的掌握，既保护员工的身体健康，又降低生产安全隐患，提高员工的工作积极性。

任务目标

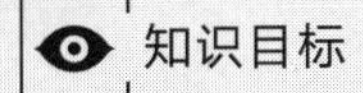

1. 掌握常用油罐附件的作用。
2. 熟悉油罐大小呼吸。
3. 掌握油罐机械式呼吸阀结构与工作原理。

能力目标

1. 能够正确使用并维护储罐附件。

2. 能正确地对压力、流量、物位和温度等主要参数进行调校。

3. 能够合理应对油罐大小呼吸造成的储罐压力波动。

素质目标

1. 具有良好的心理素质和吃苦耐劳的精神，具备较强的环保意识和安全意识。

2. 遵守国家标准，养成良好的规范操作、文明操作意识。

3. 具有化工仪表操作与维护能力，能进行DCS操作。

职业技术标准

一、职业标准

《油气输送工国家职业标准》（高级工）

二、技术标准

《石油储罐附件　第8部分：钢制孔类附件》（SY/T 0511.8—2010）
《石油化工储运系统罐区设计规范》（SH/T 3007—2014）
《常压立式圆筒形钢制焊接储罐维护检修规程》（SHS 01012—2004）

活动一　对照《油罐附件完好标准清单》自查

表 2-10 为油罐附件完好标准清单。

表 2-10　油罐附件完好标准清单

编号：__________　时间：____年____月____日　岗位：________

序号	项目	内容	确认
1	扶梯和栏杆	扶梯是为专供操作人员上罐检尺、测温、取样、巡检而设置的。它有直梯和旋梯两种。一般来说，小型油罐用直梯，大型油罐用旋梯	[ ]
2	人孔	人孔直径多为 600mm，孔中心距罐底 750mm。通常 3000m^3 以下的油罐设 1 个人孔，3000～5000m^3 设 1～2 个人孔，5000m^3 以上的油罐则必须设 2 个人孔	[ ]
3	透光孔	通常设置在进出油管上方的罐顶上，直径一般为 500mm，外缘距罐壁 800～1000mm，设置数量与人孔相同	[ ]
4	量油孔	每个油罐只装一个量油孔，它的直径为 150mm，距罐壁距离一般是 1m	[ ]
5	清扫孔	清扫孔装于重质油罐底部，清扫时可放出污水及清除罐内污泥	[ ]
6	脱水管	脱水管亦称放水管，它是专门为排除罐内污水和清除罐底污油残渣而设的。放水管在罐外一侧装有阀门，为防止脱水阀不严或损坏，通常安装两道阀门。冬天还应做好脱水阀门的保温，以防冻凝或阀门冻裂	[ ]
7	消防泡沫室	泡沫发生器一端和泡沫管线相连，一端带有法兰，焊在罐壁最上一层圈板上。灭火泡沫在流经消防泡沫室空气吸入口处时，吸入大量空气形成泡沫，并冲破隔离玻璃进入罐内(玻璃厚度不大于 2mm)，从而达到灭火目的	[ ]
8	加热器	局部加热器安装在进出油结合管附近，全面加热器安装在整个罐底上。加热器操作时，先将排水阀打开，放出管内冷凝水，然后徐徐打开蒸气阀，待管内冷凝水放净后，将排水阀关小	[ ]
9	静电接地线和避雷针	静电接地线：一端焊在油罐底板边缘处，一端埋入一定深度的地下。其作用为使油罐在转输油料时产生或聚集的静电，通过接地线导入地下，防止因静电作用引起油罐着火	[ ]
10	避雷针	焊在油罐顶部或圈板边缘处，起防雷击作用	[ ]

活动二　对照《油罐附件检查维护清单》自查

表 2-11 为油罐附件检查维护清单。

表 2-11　油罐附件检查维护清单

编号：__________　时间：____年____月____日　岗位：________

配件名称	检查周期	检查内容	养护内容	检查记录	时间	人员	备注
人孔及光孔	每月一次(不必打开)	是否渗油、漏气	人孔、光孔处螺栓刷黄油保养				
量油孔	每月不少于一次	盖与座间密封垫是否严密、硬化，导油槽磨损情况，螺帽活动情况	密封胶垫换新每三年一次，板式螺帽及压紧螺栓各活动关节处加润滑油				
机械透气阀	每月两次，气温低于零度时每周至少一次	阀盘和阀座接触面是否良好，阀杆上下灵活情况，阀壳网罩是否完好，有无冰冻情况，压盖衬垫是否严密	清除阀盘上灰尘、水珠，螺栓加油，必要时调换阀壳衬垫				

续表

配件名称	检查周期	检查内容	养护内容	检查记录	时间	人员	备注
液压透气阀	每季度一次	从外面检查保护网是否完好，有无雀窝，测量液面高度	清洁保护网，添注油品。每年秋末应放出油品，清洁阀壳内部一次，必要时更新油品				
防火器	每季度一次，冰冻季节每月一次	防火网或波形散热片是否清洁畅通，有无冰冻情况，垫片是否严密	清洁防火网、散热片，螺栓加油保护				
通风管	每季度一次	防护网是否破损	清洁防护网				
升降管	每当操作和清洗油罐时，都要检查	升降灵活程度，绞车性能是否良好，钢丝绳腐蚀情况，罐内关节处有无开裂	绞车活动部分加油，钢丝绳每年涂润滑脂保护，顶部滑轮梢轴上油				
虹吸放水栓（放水阀）	每季度一次，每当排水时和油罐清洗时，都要检查	试验转动灵活性，填料函处有无渗漏，检查内部放水管段是否完整	冬季应放净管内积水。如阀门不灵，卸下整理，修整填料函				
进出油阀门	操作时和油罐清洗时，都要检查	检查填料函有无渗漏，检查阀体内部	螺杆加油润滑，清除底部积污。发现关闭不严应及时更换				
消防泡沫室	每月一次	玻璃是否破裂，有无油气泄出	换装已损的玻璃，调整密封垫，螺栓加油防锈				
加热器	每年冰冻季节前检查一次，冬季每月一次	阀门有无漏气，疏水器性能是否良好，排水中有无带油现象，检查内部支架有无损坏，管道接头外部有无问题	清理疏水器积污，不使用时应打开排水阀。每年冰冻季节前按试验压力作水压试验一次				

一、文明生产得分表

文明生产得分表见表 2-12。

表 2-12 文明生产得分表

序号	违规操作	考核记录	项目分值	扣分
1	按照石化行业有关安全规范，着工作服、手套，佩戴安全帽。未佩戴或佩戴不规范（安全帽未系带、工作服未系扣、外操进入装置操作时未戴手套）每项扣 2.5 分，扣满 10 分为止	时间：(　　)安全帽佩戴不规范	2.5 分	
		时间：(　　)工作服穿戴不规范	2.5 分	
		时间：(　　)手套佩戴不规范	2.5 分	
		时间：(　　)其他配套劳保用具佩戴不规范	2.5 分	
2	进入储油库操作前需提前触摸静电消除球，每次进入前未触摸扣 5 分，扣满 20 分为止	时间：(　　)未触摸静电消除球	5 分	
		时间：(　　)未触摸静电消除球	5 分	
		时间：(　　)未触摸静电消除球	5 分	
		时间：(　　)未触摸静电消除球	5 分	
3	保持现场环境整齐、清洁、有序，出现不符合文明生产的情况，每次扣 10 分（嬉戏，打闹，坐姿不端，乱扔废物，串岗等），扣满 20 分为止	时间：(　　)嬉戏，打闹，坐姿不端，乱扔废物，串岗	10 分	
		时间：(　　)嬉戏，打闹，坐姿不端，乱扔废物，串岗	10 分	
4	内外操记录及时、完整、规范、真实、准确，弄虚作假每次扣 10 分，扣满 50 分为止	时间：(　　)	10 分	
		时间：(　　)	10 分	
		时间：(　　)	10 分	
		时间：(　　)	10 分	
		时间：(　　)	10 分	
5	考核期间出现由于操作不当引起的设备损坏、人身伤害或着火爆炸事故，考核结束不得分；出现重大失误导致任务失败，考核结束不得分	时间：(　　)安全事故	100 分	
		时间：(　　)重大失误	100 分	

注：文明生产考核过程中根据操作员的违规操作逐项扣除，扣满 100 分为止，出现安全事故或者重大失误考核立即结束；最高得分 100 分，最低得分 0 分

考评员签字： 操作员签字：	扣分合计： 得分合计：

二、编制清单得分表

编制清单得分表见表 2-13。

表 2-13 编制清单得分表

序号	考核标准	考核结果	得分	备注
1	清单内容是否清晰可见、完整			
2	设备附件是否已清晰列出			
3	检查维护内容是否清晰全面			
4	清单格式是否正确			

知识一　油罐人孔及透光孔

一、人孔

如图2-7所示，人孔设在罐壁最下圈钢板上，直径通常为600mm，其中心距底板750mm。储罐安装、清洗和维修等作业时人孔供工作人员进出油罐和通风用。通常3000m^3以下油罐设人孔1个，3000～5000m^3设1～2个人孔，5000m^3以上油罐则必须设2个人孔。当只设1个人孔时，应将其置于罐顶透光孔的对面；当设2个人孔时，其中一个设在透光孔的对面，另一个应至少与第一个人孔相隔90°。

二、透光孔

如图2-8所示，透光孔设在罐顶上，用于油罐安装和清扫时的采光和通风。透光孔的直径为500mm，数目与人孔数相同。当罐顶只设一个透光孔时，它应位于进出油管线上方的罐顶上；设两个透光孔时，则透光孔与人孔尽可能沿圆周均匀分布，以利于采光和通风，但至少有一个透光孔设在罐顶平台附近。透光孔的外缘应距罐壁800～1000mm。

图2-7　人孔

图2-8　透光孔

知识二　油罐进出油管线

如图2-9所示，油气站库储罐一般设置一根（大型罐可设两根）管线，进出油并用。在油田集输联合站，为了满足储罐多功能的需要及流程切换的灵活性，一般需分别设置进出口管。安装位置要求根据既可充分利用油罐的储存容积，又可避免出油时沉积在罐底的水和杂质随油放出，同时满足储罐的结构要求的原则，管底缘距罐底的最小距离一般不小于200mm。为了避免热胀冷缩、基础沉降等现象对管线和储罐可能造成的破坏，可在进出油管线的储罐端设置波纹管式膨胀节，或采取柔性套管连接。

图 2-9　油罐进出油管线

知识三　呼吸阀

一、储罐的大呼吸与小呼吸

1. 储罐的大呼吸

油罐进油时，罐内液面快速上升，为了保证顺利进油及储罐的安全，必须有大量的油气从储罐内排出；油罐出油时，罐内液面快速下降，为了保证顺利出油及储罐的安全，必须有大量的空气进入罐内。这种由进、出油引起的油气排出或空气吸入称为油罐的大呼吸。

2. 储罐的小呼吸

油罐静止储油，气温下降时（如夜间），罐内气体冷凝收缩，压力下降，为了保证储罐的负压安全，需要吸入一定的空气；气温上升时（如中午），罐内油品蒸发，气体膨胀，压力上升，为了保证储罐的正压安全，需要呼出一定的油气。这种由气温变化引起的储罐静止储油时气体的呼出或吸入称为油罐的小呼吸。

二、呼吸阀的作用

呼吸阀的作用就是控制储罐的呼气压力和吸气真空度，保持罐内一定压力。既确保储罐的安全，又减少蒸发损耗。按作用原理，常用油罐呼吸阀有：机械呼吸阀、液压呼吸阀。

三、液压呼吸阀

图 2-10　液压呼吸阀

如图 2-10 所示，液压呼吸阀又称液压安全阀，利用液柱压力来控制油罐的压力和真空度。其控制压力和真空度的能力一般比机械呼吸阀高出 5%～10%，液压呼吸阀工作可靠，安全性强，但在吸排气量大时，有可能将密封液吹出，要定期检查，及时补充密封液。液压呼吸阀与机械呼吸阀安装在同一高度上，正常情况下它是不工作的，只是在机械呼吸阀失灵或其他原因使罐内出现过高的压力或真空度时才工作。

知识四　量油孔、阻火器

一、量油孔

如图 2-11 所示，量油孔是用来测量罐内油面高低和调取油样的专门附件。每个油罐顶上设置一个，大多设在罐梯平台附近。测量孔的直径为 150mm，设有能密闭的孔盖和松紧螺栓，为了防止关闭时孔盖与铁器撞击产生火花，在孔盖的密封槽内嵌有耐油胶垫或软金属（铜或铝）。由于测量用的钢卷尺接触出口时容易摩擦产生火花，在孔管内侧镶有铜（或铝合金）套，或者在固定的测量点外装设不会产生火花的有色金属导向槽（投尺槽）。

二、阻火器（又称防火器）

经呼吸阀从油罐排出的油气与空气的混合气，遇到明火时可能发生爆炸和燃烧。如果混合气的流出速度小于火焰前锋的燃烧速度（汽油蒸气-空气混合气，燃烧速度约为 3m/s），就会产生“回火”，将火焰引入罐内。为避免出现“回火”现象，阻止火焰向罐内传播而设置的装置称为阻火器。阻火器安装在呼吸阀的下面，如图 2-12 所示。

图 2-11　量油孔

图 2-12　阻火器

储罐紧急切断阀作为储罐安全运行及突发灾害事故时防止灾情进一步扩大的重要安全附件，从石油化工行业设计人员到石化企业，均未对其有足够的认知和必要的重视，以至于其设计安装不规范，灾害事故发生时未能发挥其应有的效能。请查阅相关资料，整理国内外油库紧急切断阀的设计安装现状，分析了现实存在的问题，并提出具体的设计安装意见。

任务二 储罐启停操作

子任务一　储罐开工操作

任务描述

储罐开工前需要进行全面的检查，确认储罐附件的状态，确认工艺流程经过的管线、阀门状态，检查储罐、机泵及其他设备是否具备运行条件，操作员是否了解作业流程，确保罐区及管线顺利投入运行。本任务为储罐开工操作。

任务目标

知识目标

1. 熟悉储罐分类。
2. 了解开工之前的准备工作及其注意事项。
3. 掌握拱顶罐、浮顶罐、内浮顶罐的结构特点与适用介质。

能力目标

1. 能够进行盲板拆除的操作。

2. 能够与团队合作完成拱顶罐、内浮顶罐的开工操作。

3. 能够初步分析和解决设备操作中的常见问题。

素质目标

1. 培养学生自主学习油气储运行业的新知识、新技术的能力。

2. 培养学生通过各种媒体资源、工具书查找所需信息的能力。

3. 培养学生具有一定的风险分析和解决紧急问题的能力。

职业技术标准

一、职业标准

《储油库油气排放控制和限值》（DB 11/206—2010）
《储油库大气污染物排放标准》（GB 20950—2020）

二、技术标准

《油气回收装置通用技术条件》（GB/T 35579—2017）

活动一　盲板拆除操作

一、盲板拆除注意事项

（1）在介质温度较高，可能对作业人员造成烫伤的情况下，监护人员及作业人员应落实相应的防烫伤安全措施，并佩带相应的防烫伤劳动保护用品。

（2）进行高处作业时，除严格执行本规定外，还应严格执行《高处作业安全管理规定》的相关要求。

（3）严禁在同一管道或设备上同时进行两处或两处以上的盲板拆除作业。

（4）盲板拆除作业结束时，由盲板拆装作业人员、监护人员及中心技术人员共同确认，并清理作业现场后方可离开。

二、盲板拆除操作并做好相关记录

盲板拆除记录表见表 2-14。

表 2-14　盲板拆除记录表

<table>
<tr><td colspan="2">小组号</td><td colspan="2"></td><td>管道号/设备号</td><td colspan="2"></td><td>物料介质</td><td></td></tr>
<tr><td colspan="2">安全处理方法</td><td colspan="2"></td><td>安全处理人</td><td colspan="2"></td><td>安全检查人</td><td></td></tr>
<tr><td colspan="9">拆除盲板时间：　年　月　日</td></tr>
<tr><td colspan="9">拆除盲板原因：</td></tr>
<tr><td colspan="3">盲板编号</td><td colspan="3">口径</td><td colspan="3">所属管线</td></tr>
<tr><td colspan="3"></td><td colspan="3"></td><td colspan="3"></td></tr>
<tr><td colspan="3"></td><td colspan="3"></td><td colspan="3"></td></tr>
<tr><td colspan="3"></td><td colspan="3"></td><td colspan="3"></td></tr>
<tr><td colspan="3"></td><td colspan="3"></td><td colspan="3"></td></tr>
<tr><td colspan="3"></td><td colspan="3"></td><td colspan="3"></td></tr>
<tr><td colspan="9">是　否　检查人　责任人
1. 氮气吹扫　☐　☐
2. 蒸汽吹扫　☐　☐
3. 空气吹扫　☐　☐
4. 水清洗　☐　☐</td></tr>
<tr><td rowspan="2">审批人</td><td rowspan="2"></td><td colspan="2" rowspan="2">安全监督人</td><td rowspan="2"></td><td colspan="2" rowspan="2">执行人</td><td>操作者</td><td></td></tr>
<tr><td>监护人</td><td></td></tr>
</table>

活动二　编制《拱顶罐开工操作卡》

表 2-15 为拱顶罐开工操作卡。

表 2-15　拱顶罐开工操作卡

编号：__________　时间：____年____月____日　岗位：________

项目	序号	操作内容	确认
开工检查	1	正确穿戴劳保用品	[ ]
	2	检查储罐所有控制阀门是否灵活好用并处于关闭状态	[ ]
	3	检查呼吸阀是否灵活好用，液压安全阀中的封液有无变质	[ ]
	4	高度保持在标尺规定内的检查	[ ]

续表

项目	序号	操作内容	确认
开工检查	5	储罐消防设施、盘梯有无杂物	[ ]
	6	量油孔、人孔、透光孔是否封闭严密	[ ]
	7	防静电设施、防雷装置是否符合规定	[ ]
	8	检查储罐内外部件是否完好，内部清洁有无杂物	[ ]
	9	确认罐液位监控系统工作正常	[ ]
投产	1	缓慢开启储罐进口阀门	[ ]
	2	在进出油管未浸没前，进油管流速≤1m/s	[ ]
	3	表层凝固时，应采取必要加热措施，待原油大部分溶化后，方可进行进、出油作业	[ ]
	4	在整个进油过程中，随时检查与储罐连接的所有闸门、法兰、人孔、清扫孔有无渗漏，基础设施有无异常情况	[ ]
	5	储罐在进出油的过程中，应密切观测液位的变化	[ ]
	6	新建或修理后首次进油时，液位升降速度≤0.3m/h	[ ]
	7	在进行储罐各项操作时，必须严格按照“先检查、后操作、再检查”的操作步骤，并缓慢开启各阀门	[ ]

活动三　编制《内浮顶罐开工操作卡》

表 2-16 为内浮顶罐开工操作卡。

表 2-16　内浮顶罐开工操作卡

序号	操作内容	确认
1	空罐进油时，管线内的油品流速应不小于 1.5m/s	[ ]
2	收料高度不能超过安全高度	[ ]
3	如果内浮顶处于起浮状态，而进油管为空时，此时物料应先进扫线罐，有物料经过后，再切换流程	[ ]
4	打开内浮顶罐收料阀门，关闭扫线罐阀门	[ ]
5	作业过程中，监控罐的液位，各管段的流速、流量、压力，符合作业计划书、操作规程、船岸装卸协议，每 2h 记录一次	[ ]
6	浮盘在低位(2m 左右)升降时，应注意在罐边监听监查，防止卡盘等，出现问题及时调整操作	[ ]
7	收料规定液位绝对不得超过安全高度	[ ]
8	发料时，内浮顶罐除业务需要外，尽量使发料不低于浮盘起浮高度	[ ]
9	内浮顶罐的实际储油高度严禁超过储罐的安全高度，也不得低于最低存油高度(即需要使浮盘保持漂浮状态)	[ ]

一、储罐开工操作得分表

储罐开工操作得分表见表 2-17。

表 2-17 储罐开工操作得分表

步骤	考核内容及要求	评分标准	配分	得分
准备	穿工作服，戴好劳动保护用品，遵守秩序，保证安全	未按规定穿戴工作服、劳动保护用品扣 5 分	10	
操作过程	严格监控储罐进油速度，并及时记录	油品流速要适中，造成事故不得分	15	
	时刻监测机泵运行状况，逐渐加大泵出口阀门开度，保证油品的输送	未监测机泵运行状况扣 5 分，罐内油品未抽净扣 5 分	10	
	拆盲板时不滴油，不漏油，及时更换垫片	未按照正确顺序拆卸螺栓不得分	15	
	拱顶罐开工操作中正确操作储罐所有控制阀门，流程之外的阀门处于关闭状态；监控储罐压力波动，确认罐顶呼吸阀灵活好用，阻火器完好无损坏	人孔、透光孔、清扫孔出现“跑冒滴漏”扣 5 分，未及时监控储罐压力、液位扣 5 分	15	
	内浮顶罐开工操作中收料规定液位绝对不得超过安全高度，收料接近规定液位 1m 时，应控制罐内液面上升速度，防止冒罐，确保库区操作工可以及时关闭阀门或切换流程	储罐液位控量不到位扣 5 分，出现冒罐等事故不得分	10	
团队协作	团队的合作紧密，配合流畅，个人分析能力较好	团队合作不紧密的扣 5 分，个人分析能力差扣 5 分	10	
考核结果				
组长签字				
实训教师签字并评价				

二、文明生产得分表

文明生产得分表见表 2-18。

表 2-18　文明生产得分表

序号	违规操作	考核记录	项目分值	扣分
1	按照石化行业有关安全规范，着工作服、手套，佩戴安全帽。未佩戴或佩戴不规范(安全帽未系带、工作服未系扣、外操进入装置操作时未戴手套)每项扣 2.5 分，扣满 10 分为止	时间：(　　)安全帽佩戴不规范	2.5 分	
		时间：(　　)工作服穿戴不规范	2.5 分	
		时间：(　　)手套佩戴不规范	2.5 分	
		时间：(　　)其他配套劳保用具佩戴不规范	2.5 分	
2	进入储油库操作前需提前触摸静电消除球，每次进入前未触摸扣 5 分，扣满 20 分为止	时间：(　　)未触摸静电消除球	5 分	
		时间：(　　)未触摸静电消除球	5 分	
		时间：(　　)未触摸静电消除球	5 分	
		时间：(　　)未触摸静电消除球	5 分	
3	保持现场环境整齐、清洁、有序，出现不符合文明生产的情况，每次扣 10 分(嬉戏，打闹，坐姿不端，乱扔废物，串岗等)，扣满 20 分为止	时间：(　　)嬉戏，打闹，坐姿不端，乱扔废物，串岗	10 分	
		时间：(　　)嬉戏，打闹，坐姿不端，乱扔废物，串岗	10 分	
4	内外操记录及时、完整、规范、真实、准确，弄虚作假每次扣 10 分，扣满 50 分为止	时间：(　　)	10 分	
		时间：(　　)	10 分	
		时间：(　　)	10 分	
		时间：(　　)	10 分	
		时间：(　　)	10 分	
5	考核期间出现由于操作不当引起的设备损坏、人身伤害或着火爆炸事故，考核结束不得分；出现重大失误导致任务失败，考核结束不得分	时间：(　　)安全事故	100 分	
		时间：(　　)重大失误	100 分	

注：文明生产考核过程中根据操作员的违规操作逐项扣除，扣满 100 分为止，出现安全事故或者重大失误考核立即结束；最高得分 100 分，最低得分 0 分

考评员签字： 操作员签字：	扣分合计： 得分合计：

知识一　拱顶罐

如图 2-13 所示，拱顶罐的罐顶按拱顶的截面形状可分为：单圆弧拱顶和三圆弧拱顶。拱顶罐指罐顶为球冠状、罐体为圆柱形的一种钢制容器。拱顶罐制造简单、造价低廉，所以在国内外许多行业应用较为广泛，最常用的容积为 1000～10000m^3。拱顶罐受力情况好，结构简单，刚性好，能承受较高的剩余压力，耗钢量小。

拱顶罐的罐顶为球缺形，球缺半径一般取储罐直径的 0.8～1.2 倍。它的拱顶有较大的刚性，能承载较大的重量，可承受 2～10kPa 的内压。单座拱顶罐的容积一般为 500～10000m^3，容积过大会造成拱顶矢高较大，使得单位容积的用钢量增加，不能储油的拱顶部分过大，油品的蒸发损耗增加，因此不推荐建造超过 10000m^3 的拱顶罐。

图 2-13　拱顶罐

知识二　外浮顶罐

如图 2-14 所示，浮顶罐通称外浮顶罐，就是储罐没有设计拱顶，为外敞口型罐，内设上下垂直浮动的外浮顶，通常用于 20000m^3 以上油品的存储。如原油、汽油、煤油等有挥发性的石油产品的敞口钢制储罐内，外浮顶随着储液水平上升或下降，外浮顶罐有一个浮盘覆盖在油品的表面，并随油品液位升降。由于浮盘和油面之间几乎没有气体空间，因此可以大大降低所储存油品的蒸发损耗。

图 2-14　外浮顶罐

浮顶本身可以避免遭受风吹雨淋，确保浮顶下所储油料的品质。浮顶是“漂浮”在所处液体液面上的顶盖，因此其密封性能至关重要。浮盘主要采用弹性填料，同时在周边用压条与罐壁压紧，并用螺栓与浮盘固定。浮盘跟随液面升降，降低到一定位置（1.8m 左右）之后，则有支柱撑住浮盘使其保持位置固定。

知识三　内浮顶罐

如图 2-15 所示，内浮顶罐是在固定顶罐和浮顶罐的基础上发展起来的。这种储罐既有固定顶盖，又有内浮顶盖。内浮顶罐是在其内部轴心线上安装一轴，以其剖面大小置放一个由特殊的轻质材料制作的顶盖，它可以随内部物体的增多或减少而上下移动，起到限制作用。

内浮顶罐可以减少油品的蒸发损耗，蒸发损耗比浮顶罐的还要小。内浮顶罐的储罐附件比外浮顶罐少得多。不必设置排水折管和紧急排水口，也不必设置转动扶梯及扶梯导轨，由于有固定顶，中小型罐也不必设置抗风圈和加强环。尽管内浮顶罐增加了固定顶，但其钢材耗量并未增加，同外浮顶罐比较还略有减少。固定顶有效阻挡了雨、雪、

图 2-15　内浮顶罐

风、沙对油品的污染，更有利于保证油品质量，多用于储存密度较小且质量要求较高的油品，例如汽油、航空煤油等。内浮顶不承担风雪载荷，可以设计得较为轻巧。

原油在我国是不可或缺的重要资源。在储罐储存的过程当中，各种原因会使得储罐尤其是储罐底板出现腐蚀现象，造成原油的泄漏和浪费，因此，进行原油储罐的防腐就成了一项重要的工作。请查阅资料，分析造成原油储罐腐蚀的原因，并提出有效防治措施，详细介绍其防腐原理、适用条件、使用过程。

子任务二　储罐停工操作

任务描述

本任务为根据储罐实际生产情况，将停用的储罐内的油品用泵导入指定储罐内，当罐内液位接近储罐进出口管线时，改为罐底抽油，进行储罐蒸煮，并测量可燃气体。

任务目标

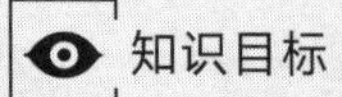

1. 了解盲板的作用及分类。
2. 熟悉管线吹扫的工作流程。
3. 掌握可燃气体测量仪的使用及维护。

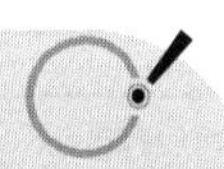

能力目标

1. 能够完成添加盲板操作。
2. 能够完成储罐抽底油操作。
3. 能够进行储罐蒸煮操作。

素质目标

1. 具有健康的身体和良好的心理素质。
2. 具有化工安全、质量、环保、节能降耗、按章操作的意识。
3. 具有石油化工企业文化认同感。

职业技术标准

一、职业标准

《储油库油气排放控制和限值》(DB 11/206—2010)
《储油库大气污染物排放标准》(GB 20950—2020)

二、技术标准

《油气回收装置通用技术条件》(GB/T 35579—2017)

活动一　编制《盲板添加操作卡》

一、盲板添加操作卡

盲板添加操作卡见表 2-19。

表 2-19　盲板添加操作卡

编号：________　时间：___年___月___日　　岗位：________

序号	操作内容	盲板编号	操作员确认
1	在设备与管道的连接处设置盲板		[ ]
2	界区外连接到界区内的各种工艺物料管道设置盲板		[ ]
3	在切断阀处设置盲板		[ ]
4	装置为多系列时，从界区外来的总管道分为若干分管道进入每一系列，在各分管道的切断阀处设置盲板		[ ]
5	装置定期维修、检查或互相切换，所涉及的设备需完全隔离时，在切断阀处设置盲板		[ ]
6	充压管道、置换气管道（如氮气管道、压缩空气管道）等工艺管道与设备相连时，在切断阀处设置盲板		[ ]
7	设备、管道的低点排净，若工艺介质需集中到统一的收集系统，在切断阀后设置盲板		[ ]
8	设备和管道的排气管、排液管、取样管在阀后设置盲板或丝堵。无毒、无危害健康和无爆炸危险的物料除外		[ ]
9	装置分期建设时，有互相联系的管道在切断阀处设置盲板，以便后续工程施工		[ ]
10	装置正常生产时，需完全切断的一些辅助管道，一般也设置盲板		[ ]
11	盲板原则上加在来料阀门的后部法兰处，盲板两侧都加垫片		[ ]

二、盲板添加操作并做好相关记录

盲板添加操作记录表见表 2-20。

表 2-20　盲板添加操作记录表

小组号		管道号/设备号		物料介质	
安全处理方法		安全处理人		安全检查人	

添加盲板时间：　年　月　日

添加盲板原因：

盲板编号	口径	所属管线

	是	否	检查人	责任人
1. 氮气吹扫	☐	☐		
2. 蒸汽吹扫	☐	☐		
3. 空气吹扫	☐	☐		
4. 水清洗	☐	☐		

审批人		安全监督员		执行人		操作者	

活动二　编制《储罐抽底油操作卡》

表 2-21 为储罐抽底油操作卡。

表 2-21　储罐抽底油操作卡

编号:________　时间:____年____月____日　岗位:________

项目	序号	操作要求	操作员确认
清除底油方法	1	设有排污放水管的储罐,可利用排污放水管放出底油	[ ]
	2	机械清除底油或垫水清除底油	[ ]
抽油的准备工作	1	关闭储罐的进出口阀门,有条件的打上铅封	[ ]
	2	先用大泵将罐内油品倒至最低液位	[ ]
	3	再用小泵,用抽罐底线将罐底油抽出,直至抽净为止,打开人孔	[ ]
	4	有惰性气体管线的要堵盲板	[ ]
	5	通风方法:机械通风排除油蒸气、充水排气、蒸汽吹扫排除油蒸气	[ ]
	6	一定要进行气体浓度检测,不达标一定不要进入	[ ]
储罐抽油	1	进罐作业人员必须穿戴好防护用品	[ ]
	2	在罐内工作时间不能过长	[ ]
	3	罐外要有专人监护污物正确处理,防止对周围环境产生污染	[ ]

活动三　编制《储罐蒸煮操作卡》

表 2-22 为储罐蒸煮操作卡。

表 2-22　储罐蒸煮操作卡

编号:________　时间:____年____月____日　岗位:________

序号	操作要求	操作员确认
1	接好蒸气胶管,从罐的下人孔放入罐内,并将胶管固定在下人孔处,避免胶管在罐内跳动	[ ]
2	通过上述胶管向罐内通入蒸汽,对油罐进行蒸气加热	[ ]
3	蒸气阀要缓慢全开,由小到大,确认胶管在罐内不跳动	[ ]
4	油罐蒸煮时,要将下人孔、清扫孔等关闭,以免大量的冷空气进入罐内	[ ]
5	罐顶人孔打开,通过加热使罐内的油气等有害气体挥发掉,油罐要求蒸煮不少于 48h	[ ]
6	油罐蒸煮后,停下蒸汽,将罐的下人孔全部打开,使罐内与罐外的空气对流,将罐内的油气、H_2S 等有害气体挥发掉	[ ]
7	分析罐内的可燃气(<1000ppm)、H_2S(<10ppm)和 O_2(>20%)的浓度,合格后,方可开具进入容器许可证	[ ]
8	如果当天没有完成罐内作业,第二天仍需进行采样分析,合格后方可进罐作业	[ ]
9	在储罐巡检时,要做好其相应记录	[ ]

活动四 编制《储罐可燃气测量操作卡》

表 2-23 为储罐可燃气测量操作卡。

表 2-23 储罐可燃气测量操作卡

编号:________ 时间:____年____月____日 岗位:________

项目	序号	操作要求	操作员确认
置换	1	利用鼓风机由进管口将空气送入储罐内,将 N_2 由出管口吹扫出去	[ ]
	2	吹扫过程中应定期检测出管口处的氧含量,当氧含量达到21%指标后,储罐内空气置换作业即合格	[ ]
检修	1	开罐后应再一次进行含氧量和 H_2S 含量的检测	[ ]
	2	入罐作业时应随时监控可燃气的含量	[ ]
	3	入罐人员应佩带防毒呼吸器	[ ]
	4	佩带安全带,安全带一端应在罐外	[ ]
	5	罐内人员应随时与罐外监护人员保持联系,联系一旦中断应立即将入罐人员拉出,以查明原因	[ ]
氮封	1	关闭储罐的人孔及其他检修时打开的阀门	[ ]
	2	由出管口向罐内注入 N_2,同时打开进管口阀门	[ ]
	3	通过检测,当进管口排出气体的含氧量低于液化气爆炸极限的下限时,关闭进管口阀门	[ ]
	4	继续向储罐内充 N_2,使储罐保持3000~5000Pa的压力,进行氮封	[ ]

一、储罐停工操作得分表

储罐停工操作得分表见表 2-24。

表 2-24 储罐停工操作得分表

步骤	考核内容及要求	评分标准	配分	得分
准备	穿工作服,佩戴好劳动保护用品,遵守秩序,保证安全	未按规定正确穿戴工作服、劳动保护用品扣5分,不文明操作的扣5分	10	
操作过程	储罐退油时,将停用油罐内的油品用泵倒入指定储罐内。倒油时先经油罐出口倒油,当罐内液位接近罐出口管线上沿时,改经储罐抽底口退油,直至泵不上量为止	未按规定操作扣10分,造成事故不得分	15	

续表

步骤	考核内容及要求	评分标准	配分	得分
操作过程	泵工监测机泵运行状况，当电流表电流下降时逐渐关小泵出口阀门的开度，保证将罐内油品抽净	泵工未监测机泵运行状况扣5分，罐内油品未抽净扣5分	10	
	加盲板：将与储罐相连的所有管线进行隔离，防止油品串入储罐。加盲板时管线内存油用大桶回收	管线内存油未用大桶回收扣5分，管线未进行全部隔离不得分	15	
	抽出罐底余油：员工从人孔处将罐内余油抽净，消防带接至储罐人孔处，向罐内注水，用水将罐内余油浮起，并由施工队伍抽净浮油，确认罐内余油抽净	余油未抽净不得分	15	
	储罐蒸煮：员工接消防带至储罐人孔向罐内注水，注水高度略低于人孔下沿，缓慢打开蒸气阀门，加热蒸煮储罐，待储罐内充满蒸汽后，调整蒸气阀门开度至适当，罐顶见汽48h以上停汽	未按规定操作不得分	15	
	蒸煮结束待罐内温度降到常温后，对储罐进行自然通风36h以上。受托质检部门对罐内采样做含氧量、可燃气含量分析	储罐自然通风未达到36h以上扣5分，未对罐内采样做含氧量、可燃气含量分析扣5分	10	
团队协作	团队合作紧密，配合流畅，个人分析能力较好	团队合作不紧密的扣5分，个人分析能力差扣5分	10	
考核结果				
组长签字				
实训教师签字并评价				

二、储罐停工操作风险评估表

储罐停工操作风险评估表见表2-25。

表2-25 储罐停工操作风险评估表

序号	项目	存在风险	风险控制措施	备注
1	操作前的准备工作			
2	操作人员准备			
3	物料准备、应急物资、工具齐全			
4	检查待作业储罐			
5	检查工艺管线、阀门			
6	储罐抽底油			
7	储罐蒸煮			
8	储罐可燃气测量			

知识一 盲板

如图 2-16 所示，盲板的正规名称叫法兰盖，有的也叫作盲法兰。它是中间不带孔的法兰，用于封堵管道口。盲板从外观上看，一般分为板式平板盲板、8 字盲板、插板以及垫环（插板和垫环互为盲通）。密封面的形式种类较多，有平面、凸面、凹凸面、榫槽面和环连接面。材质有碳钢、不锈钢、合金钢、铜、铝、PVC（聚氯乙烯）及 PPR（聚丙烯无规共聚物）等。盲板法兰用于封闭管路或阀件的一端。盲板法兰能承受较大的弯曲应力。

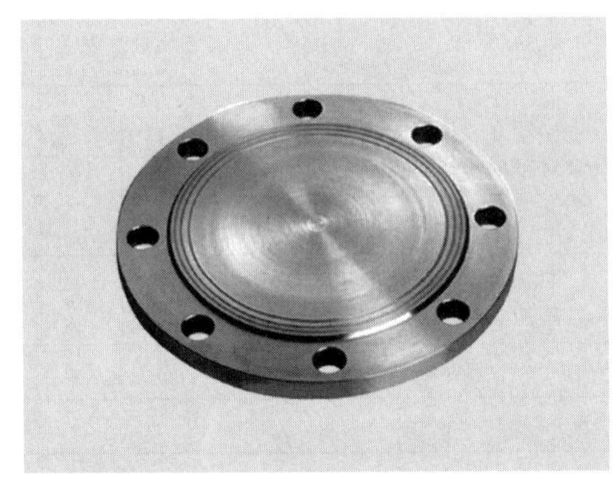
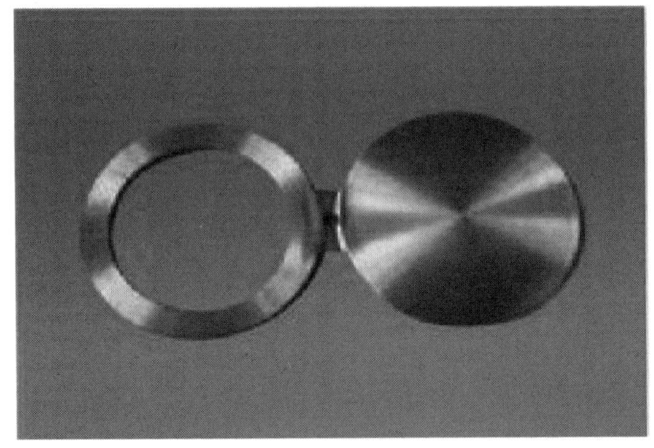

图 2-16 盲板

盲板起隔离、切断作用，和封头、管帽、焊接堵头所起的作用是一样的。由于其密封性能好，对于需要完全隔离的系统，一般都作为可靠的隔离手段。板式平板盲板就是一个带柄的实心圆，用于通常状况下处于隔离状态的系统。而 8 字盲板，形状像“8”字，一端是盲板，另一端是节流环，但直径与管道的管径相同，并不起节流作用。8 字盲板，使用方便，需要隔离时，使用盲板端，需要正常操作时，使用节流环端，同时也可用于填补管路上盲板的安装间隙；另一个特点就是标识明显，易于辨认安装状态。

知识二 管线吹扫

（1）管线防腐、保温、刷漆、伴热完整并符合要求；现场管线、阀门要有编号，有油品名称及流向标志。

（2）管线使用时，与作业无关的流程上其他阀门应关闭，并有人确认，防止开关阀门有误，引起跑油、冒油事故。

（3）管线输油过程中，操作人员应注意机泵压力、电流和轴承温度，定时监测油罐液面，掌握油罐液面变化动态。每班至少沿管线作业流程巡检一次。发现异常情况应及时查清原因并处理。

(4) 重质油管线收付油前，应先开伴热线暖线，管线预热后再开泵送油，防止油品凝管。

(5) 作业过程中如需改变流程，应“先开后关”或“同步进行”，而且全开阀门应缓慢，不能过快，防止憋压或抽空。

(6) 管线输油结束后，应立即关闭流程线上的阀门。输送重质油后，要及时联系扫线。用蒸汽吹扫后，要及时放空管线内积存的冷凝水，防止冻凝管线。下次使用前，必须用油顶线排出积聚存水。不能用蒸汽扫线的，应定时检查伴热或定时用泵打循环。

(7) 高标号油品管线改走低标号油品管线时，可不作处理，但是低标号油品管线改走高标号油品管线时，必须作扫线或顶线处理。

知识三　可燃气测量

易燃易爆气体为可燃气，可燃气分多种，例如：氧气、油气、乙炔、甲烷、或乙醇等等都是可燃气。可燃气没有固定的限制，任何气体在有氧气存在的情况下都可变成可燃气。

一、可燃气体检测变送器

在可能发生可燃气泄漏的地点，安装可燃气检测变送器，通过现场浓度显示和控制室内的仪表显示，及时掌握现场的可燃气泄漏情况。通过计算机系统和预案处理，可燃气体检测变送器兼具安全检测和安全管理的双重功能。它适合于爆炸危险场所的 1 区（在正常运行时可能出现爆炸性气体环境的场所）或 2 区（在正常运行时不可能出现爆炸性气体环境，如果出现也是偶尔发生并且仅是短时间存在的场所），保证生产现场和设备的安全。

二、便携式可燃气体检测仪

生产现场的工人通过使用专门的便携式可燃气体检测仪（如图 2-17 所示）进行实时监控。当然，此时既要有工人个体防护用的扩散式仪器，也需要可以远程检测的泵吸式仪器对现场进行连续的、实时的监测，从而跟踪可燃气的浓度变化，及时地采取处理措施。

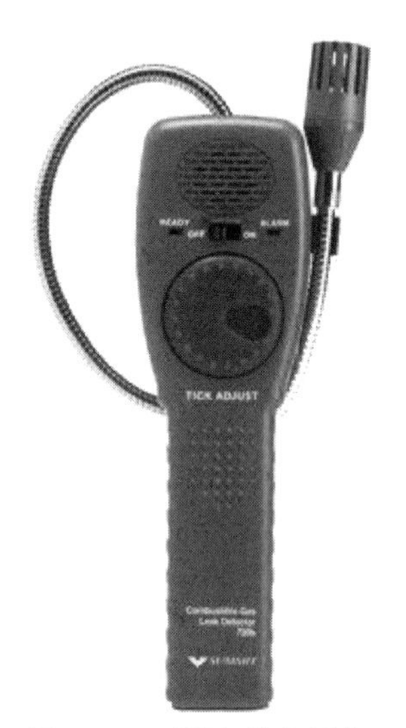

图 2-17　可燃气体检测仪

伴随着我国油品储运工程技术水平的不断提高，油品储罐区不断增多，但油品储运工程安全环保管理体系并不完善，油品储运罐区安全问题责任重大。为提升化工企业储运罐区的安全运行能力，需要提前部署油品储运安全管理的相关防范工作，对各种安全事故能及时进行相应的评估以及分析，建立完善的安全评估体系，从而有效地提升油品储运的安全性。请查阅相关资料，对油品储运罐区安全运行的相关问题展开研究分析，并提出相应的解决对策。

模块三

储油库生产事故处理

储油库具有油品发货、储运、转输以及接卸等作用，在整个石化生产环节中扮演着非常重要的角色。同时储油库也面临着一定的安全问题，其所储存的油品具有易燃、易爆以及流动性较强的特点。对此，本模块着力于储罐着火、油品“跑冒滴漏”等安全事故，针对油库运行特点和薄弱环节进行梳理分析，开展实训项目以及仿真训练，在工艺运行、设备管理、消防系统、电气仪表等方面细化管理，制定防范措施以及工作流程，确保储油库安全生产。

任务一 储罐生产事故处理

子任务一 储罐火灾事故处理

任务描述

石油及其产品是由多种烃类组成的复杂混合物，在常温常压下，石油及其产品表面存在着蒸发现象，随着温度的升高，分子热运动加剧，它们的挥发性增强。石油及其产品易挥发，挥发出的油蒸气在储存区域或作业场所弥漫飘荡，在低洼处积聚不散，遇火源易发生火灾爆炸事故，造成财产损失甚至人员伤亡。本任务为储罐火灾事故处理。

任务目标

知识目标

1. 了解付油栈桥火灾事故的危害性和发生原因。
2. 掌握铁路储罐火灾紧急处理方法。
3. 了解油罐火灾的预防。

能力目标

1. 能够正确认知油气站库内油气的主要危害特性。
2. 能够根据储油库消防技术编制应急预案。
3. 能够根据消防知识合理选择油品防火、防雷、防静电的措施。

素质目标

1. 具有化工安全、质量、环保、节能降耗、按章操作的意识。
2. 培养学生将知识与技术综合运用与转换的能力。
3. 培养学生较强的口头与书面表达能力、人际沟通能力、应急应变能力。

职业技术标准

一、职业标准

《石油库设计规范》(GB 50074—2014)
《储罐区防火堤设计规范》(GB 50351—2014)

二、技术标准

《空气中可燃气体爆炸极限测定方法》(GB/T 12474—2008)
《空气中可燃气体爆炸指数测定方法》(GB/T 803—2008)
《输油气站消防设施设置及灭火器材配备管理规范》(Q/SY 129—2011)

活动一 编制《事故应急预案》

事故应急预案提示卡如下所示。

提示卡

扑救火灾事故时应注意：

(1) 听从现场指挥指令。

(2) 设置警戒区域。

(3) 在保证自身安全的前提下进行火灾扑救。

(4) 做好邻近建（构）筑物、设施设备的冷却，确保供水、泡沫不间断。

(5) 及时疏散无关人员。

(6) 注意观察火势变化情况。

(7) 得到撤离命令及时撤离。

一、油罐着火爆炸

1. 事故现象

油罐有明火、浓烟、爆炸响声。

2. 事故原因

(1) 静电放电。

(2) 雷击。

(3) 罐上计量、采样作业违章。

(4) 检维修作业中使用非防爆工具。

(5) 罐区内违章用火用电。

3. 事故确认

(1) 油罐有明火、浓烟。

(2) 目视罐体燃烧。

(3) 听到爆炸声音。

(4) 爆炸，油品外溢起火。

(5) 人为破坏。

4. 事故处理

A 级

(1) 报警 → (2) 现场处置 → (3) 退守状态

B 级

(1) 报警

[P] ——报告油库值班人员，详细说明地点、事故类别、火灾介质及势态发展状况。

[P] ——报告班组值班人员。

[P] ——报告油库经理及安全部门。

(2) 现场处置

[P] ——若正在进行转输作业，则停泵。

[P] ——切断事故部位及相关联电源。

[P] ——关闭事故罐及罐区其他油罐进出口阀门。

[P] ——检查防火堤排污阀，确保其处于关闭状态。

[P] ——若局部着火，则利用现场消防器材（干粉、石棉被等）进行初期火灾扑救。

[P] ——若大面积着火，则人员要撤离到安全地带。

[P] ——若防火堤发生泄漏，则要进行堵截。

(3) 退守状态

储罐停止油品转输作业进入退守状态后，当火灾扑灭确认安全时，通知油库值班人员；若着火未控制住，按油库应急处置预案组织扑救。

二、付油栈桥装车起火、爆炸

1. 事故现象

(1) 付油栈桥及装卸设施有明火。

(2) 鹤管、罐车罐口有明火。

(3) 看到燃烧烟雾，听到爆炸声音。

2. 事故原因

(1) 装油作业遇到明火。

(2) 静电引发。

(3) 跑冒油后启动罐车。

(4) 付油场地维修车辆。

(5) 使用非防爆工具和非防爆通信器材。

(6) 雷电引发。

(7) 付油现场机械打火。

3. 事故确认

付油鹤位起火、爆炸。

4. 事故处理

A 级

(1) 报警 ⟶ (2) 现场处置 ⟶ (3) 退守状态

B 级

(1) 报警

[P] ——报告油库经理说明部位、事故类别、火灾介质及势态发展状况。

[P] ——报告应急救援指挥部和油库安全部门。

(2) 现场处置

[P] ——按急停按钮。

[P] ——关闭事故鹤位球阀。

[P] ——切断事故部位及相关联电源。

[P] ——停止付油作业，控制室保存数据信息，退出操作程序。

[P] ——罐车拔出鹤管，关闭罐盖，驶离现场。

[P] ——关闭事故鹤位相对应的阀门及相关联的阀门。

[P] ——未着火罐车停止作业，驶离现场（包括等待车辆）。

[P] ——罐车罐口着火，用石棉被围堵罐车罐口灭火。

[P]——着火罐车未能及时扑灭，在保证人员安全情况下，迅速驶离到安全地带。

[P]——发生泄漏，进行堵截。

[P]——地面着火，立即用灭火器、消防沙等进行扑救。

(3) 退守状态

停止付油作业进入退守状态后，当火灾扑灭确认安全时，通知油库值班人员；若着火未控制住，按油库应急处置预案组织扑救。

三、铁路罐车卸油起火、爆炸

1. 事故现象

(1) 罐车罐口有明火。

(2) 燃烧烟雾、爆炸。

2. 事故原因

(1) 卸油作业遇到明火。

(2) 静电引发。

(3) 使用非防爆工具和非防爆通信器材。

(4) 雷电引发。

(5) 卸油现场机械打火。

3. 事故确认

(1) 罐车有明火、浓烟。

(2) 听到爆炸声音。

(3) 油品外溢起火。

4. 事故处理

A 级

(1) 报警 → (2) 现场处置 → (3) 退守状态

B 级

(1) 报警

[P]——报告班组详细说明部位、事故类别、火灾介质及势态发展状况。

[P]——报告应急救援指挥部、经理和安全部门。

(2) 现场处置

[P]——卸油作业时立即停泵。

[P]——切断卸油栈桥、油泵房等相关联电源。

[P]——关闭栈桥输油管线阀门。

[P]——利用石棉被封住罐盖口。

[P]——利用干粉灭火器扑救溢出或地面火灾。

[P]——当火灾难以控制继续扩大时，扑救人员迅速撤离。

[P]——发生油品泄漏，进行堵截。

(3) 退守状态

停止卸油作业进入退守状态后，当火灾扑灭确认安全时，通知油库值班人员；若着火未控制住，按油库应急处置预案组织扑救。

四、油泵房起火、爆炸

1. 事故现象

油泵房内有明火、浓烟。

2. 事故原因

（1）油泵轴温过高引发。

（2）泵房内防爆电气设备失效。

（3）机械打火引发。

（4）使用非防爆工具和非防爆通信器材。

（5）静电引发。

（6）配电间进入油气。

3. 事故确认

（1）泵房内有明火、浓烟。

（2）听到爆炸声音。

4. 事故处理

A 级

（1）报警 ——→（2）现场处置 ——→（3）退守状态

B 级

（1）报警

［P］——报告班组，详细说明部位、事故类别、火灾介质及势态发展状况。

［P］——报告应急救援指挥部、经理和安全部门。

（2）现场处置

［P］——转输作业时立即停泵。

［P］——切断油泵房及其他相关联电源。

［P］——关闭通往油泵房内的输油管线阀门。

［P］——利用干粉、石棉被进行火灾扑救。

［P］——油泵房火灾未能及时扑灭，火灾继续扩大时，人员迅速撤离到安全地带。

（3）退守状态

停止卸油、管输作业进入退守状态后，当火灾扑灭确认安全时，通知油库值班人员；若着火未控制住，按油库应急处置预案组织扑救。

五、发油亭起火、爆炸

1. 事故现象

（1）发油亭内有明火、浓烟。

（2）发油泵燃烧。

2. 事故原因

（1）发油泵带“病”运行。

（2）发油泵超负荷运行。

（3）发油亭内违章用火作业。

（4）大风天遇明火。

（5）未按规定着防静电服装，产生静电火花，遇油品渗漏或作业空间油气与空气混合浓度达到爆炸极限范围的情况。

（6）使用非防爆工具和非防爆通信器材。

3. 事故确认

（1）发油亭内有明火、浓烟。

（2）听到爆炸声音。

4. 事故处理

A 级

（1）报警 → （2）现场处置 → （3）退守状态

B 级

（1）报警

［P］——报告班组，详细说明部位、事故类别、火灾介质及势态发展状况。

［P］——报告应急救援指挥部、经理和安全部门。

（2）现场处置

［P］——付油作业时要立即停泵。

［P］——切断发油亭及其他相关联电源。

［P］——关闭发油亭内所有管线阀门。

［P］——利用干粉、石棉被扑救地面及油泵上的火灾。

［P］——当火灾难以控制时，扑救人员迅速撤离到安全地带。

（3）退守状态

停止付油作业进入退守状态后，当火灾扑灭确认安全时，通知油库值班人员；若着火未控制住，按油库应急处置预案组织扑救。

六、化验室火灾

1. 事故现象

（1）化验室有明火。

（2）燃爆、烟雾。

（3）仪器燃烧、爆炸。

2. 事故原因

（1）未按规定着防静电服装进行作业。

（2）排风强度不够，油气浓度超过额定限度。

（3）化验设备使用超负荷。

（4）样品间使用非防爆电气设备。

（5）化验员违章操作。

3. 事故确认

化验室燃烧、爆炸。

4. 事故处理

A 级

(1) 报警 → (2) 现场处置 → (3) 退守状态

B 级

(1) 报警

[P] ——报告油库值班人员，详细说明部位、事故类别、火灾介质及势态发展状况。

[P] ——报告主管领导及应急救援指挥部和安全部门。

(2) 现场处置

[P] ——切断化验室电源。

[P] ——停止化验。

[P] ——立即将仪器、危险品、化学品撤离到安全地带。

[P] ——将剩余油样迅速转移，防止遇明火燃爆。

[P] ——隔离、封堵其他化验室、仪器室。

[P] ——佩戴防毒面具，防止人员中毒。

[P] ——火灾无法控制时，人员迅速撤离现场。

(3) 退守状态

停止化验作业进入退守状态后，当火灾扑灭确保安全时，通知油库值班人员；若着火未控制住，按油库应急处置预案组织扑救。

活动二　编制《油罐着火应急预案》

一、储罐着火预定灭火方案

(1) 立即停止卸发油作业，关闭储罐所有阀门，将量油孔、呼吸阀、光孔等孔口用石棉毯蒙盖。

(2) 开启消防泵，向着火油罐喷洒冷却水，开启消防泡沫，向罐内注入灭火泡沫。

(3) 接装水龙带，用水枪喷射罐体降温。

(4) 必要时可对相邻储罐采取降温等保护措施。

二、油罐车着火预定灭火方案

(1) 立即停止卸油作业，关闭电源、阀门，取出鹤管、胶管，迅速关闭油罐车盖，用泡沫灭火机灭火，有条件时将着火油罐拖离卸油线。

(2) 卸油鹤管取出困难时，应迅速用石棉毯覆盖堵塞罐车上口，同时用泡沫灭火机泡沫封口。

三、油泵房着火预定灭火方案

(1) 立即停止卸油作业，关闭各管路阀门。

（2）迅速切断电源。

（3）用泡沫灭火器进行扑救。

（4）将周围油桶、棉丝等易燃物品及时转移，采取隔离措施。

四、作业场地着火预定方案

（1）切断火源，清理易燃物品。

（2）就近利用灭火器、水、砂、土等扑救。

五、对无法扑救的火灾预定方案

（1）值班人员立即报警，拨叫火警电话119。

（2）报告火警时，要将单位、姓名、职务、着火原因、位置、火情、车辆通行路线报告清楚。

（3）报告火警同时向本单位领导和保卫部门进行报告，并及时打开消防通道大门。立即停止卸油作业，关闭有关管道阀门，转移火场周围易燃物品，组织人员利用现有消防设备积极扑救，控制火源。

（4）值班电话要专人守候，绝对禁止外人使用，保证通信畅通。

（5）消防队赶到后，一切行动听从公安消防部指挥。

活动三　编制《油库火灾预警提示表》

表3-1为油库火灾预警提示表。

表3-1　油库火灾预警提示表

响应程序	情形（现象）	处置措施	责任人
发现	有明火，同时伴随有大量烟雾	（1）在保证自身安全前提下，检查火灾发生区域有无人员受伤，撤离无关人员，扑灭初期火灾； （2）向班长、燃运班长汇报，同时向公司消防队汇报	燃运值班员
	火灾报警装置闪烁、鸣叫	（1）检查火灾报警装置报警区域； （2）向班长报告	燃运班长
	燃油压力降低或产生波动，油泵电流异常	向班长汇报	燃运值班员
先期处置	接到汇报后	（1）命令燃运值班员现场核实火情，进行系统隔离和初期火灾扑救； （2）停止燃油泵运行，关闭燃油泵进出口手动阀门	燃运班长
		（1）命令集控值班员关闭炉前燃油供/回油快关阀； （2）命令消防队赶往现场灭火； （3）向发电部、设备部主任和公司领导汇报	班长
	燃运值班员接到命令	（1）戴防护眼镜、防尘口罩，赶往油库； （2）根据着火部位，采取系统隔离措施； （3）命令着火区域的无关人员撤离； （4）实时向班长汇报现场火灾情况	燃运值班员

续表

响应程序	情形(现象)	处置措施	责任人
先期处置	油罐着火时	(1)开启油罐消防喷淋系统,降温喷淋; (2)就地手动启动泡沫灭火装置; (3)关闭炉前燃油供油、回油手动总阀门	燃运值班员
	油泵房着火时	(1)关闭油罐底部供油、回油手动总阀门; (2)关闭炉前燃油供油、回油手动总阀门	
	系统隔离后	准备油桶,开启供油母管上的放油阀门进行放油泄压	检修人员
汇报	火势较大	向发电部、设备部主任及公司领导汇报,申请启动应急预案	班长
应急响应	火势较大	对着火区域进行灭火,搜救受困人员	消防救援组
		对着火区域进行警戒疏散	警戒疏散组
	人员受伤	命令医务人员紧急救护	医疗救助组
	火势无法控制时	火势无法控制时,立即向当地县应急中心、119 指挥中心等请求支援。 报警内容:单位名称、地址、着火物质、火势大小、着火范围;把自己的电话号码和姓名告诉对方,以便联系	应急办
		上级应急预案启动,应听从其指挥;专业队伍到厂后应全力配合	应急指挥部
应急结束	火已扑灭,确认现场无火灾隐患	下令应急结束,各应急队伍恢复现场和正常的生产秩序	应急指挥部

注意事项:
(1)应急处置时注意防止中毒、窒息、烧烫伤。
(2)及时将着火部位进行隔离,防止火灾进一步扩大。
(3)不熟悉现场情况和灭火方法的人员不得进入危险区域。
(4)应急救援结束后要全面检查,确认现场无火灾隐患

一、文明生产得分表

文明生产得分表见表 3-2。

表 3-2　文明生产得分表

序号	违规操作	考核记录	项目分值	扣分
1	按照石化行业有关安全规范,着工作服、手套,佩戴安全帽。未佩戴或佩戴不规范(安全帽未系带、工作服未系扣、外操进入装置操作时未戴手套)每项扣 2.5 分,扣满 10 分为止	时间:(　　)安全帽佩戴不规范	2.5 分	
		时间:(　　)工作服穿戴不规范	2.5 分	
		时间:(　　)手套佩戴不规范	2.5 分	
		时间:(　　)其他配套劳保用具佩戴不规范	2.5 分	

续表

序号	违规操作	考核记录	项目分值	扣分
2	进入储油库操作前需提前触摸静电消除球，每次进入前未触摸扣5分，扣满20分为止	时间：(　　)未触摸静电消除球	5分	
		时间：(　　)未触摸静电消除球	5分	
		时间：(　　)未触摸静电消除球	5分	
		时间：(　　)未触摸静电消除球	5分	
3	保持现场环境整齐、清洁、有序，出现不符合文明生产的情况，每次扣10分（嬉戏，打闹，坐姿不端，乱扔废物，串岗等），扣满20分为止	时间：(　　)嬉戏，打闹，坐姿不端，乱扔废物，串岗	10分	
		时间：(　　)嬉戏，打闹，坐姿不端，乱扔废物，串岗	10分	
4	内外操记录及时、完整、规范、真实、准确，弄虚作假每次扣10分，扣满50分为止	时间：(　　)	10分	
		时间：(　　)	10分	
		时间：(　　)	10分	
		时间：(　　)	10分	
		时间：(　　)	10分	
5	考核期间出现由于操作不当引起的设备损坏、人身伤害或着火爆炸事故，考核结束不得分；出现重大失误导致任务失败，考核结束不得分	时间：(　　)安全事故	100分	
		时间：(　　)重大失误	100分	
注：文明生产考核过程中根据操作员的违规操作逐项扣除，扣满100分为止，出现安全事故或者重大失误考核立即结束；最高得分100分，最低得分0分				
考评员签字： 操作员签字：		扣分合计： 得分合计：		

二、课堂表现得分表

课堂表现得分表见表3-3。

表3-3　课堂表现得分表

序号	课堂表现	任务完成情况		
		圆满达成	基本达成	未达成
1	配合教师教学活动的表现，能积极主动地与教师进行互动			
2	对课堂教学过程中出现的问题能主动思考，并使用现有知识进行解决			
3	小组讨论过程能积极参与其中，并给出建设性的意见			

知识一　付油栈桥装车起火

图3-1为付油栈桥。发生火灾事故的原因通常有：

图 3-1 付油栈桥

（1）铁轨接地失效，静电和外部杂散电流窜入作业线；
（2）作业时无静电接地或静电接地失效损坏；
（3）作业人员在操作过程中违反规程以及带火种上栈桥；
（4）作业人员不按规定着装和使用工具；
（5）雷雨天装车作业；
（6）阀门、法兰连接及各种接口松动渗漏；
（7）零（地）线断裂，造成电位差；
（8）正在收油作业时进行其他检维修；
（9）火车挂罐车出轨。

知识二 铁路罐车卸油起火与预防

图 3-2 为铁路油罐车着火。

图 3-2 铁路油罐车着火

一、卸油罐车着火及爆炸原因

（1）罐车内油品积聚的大量静电荷未导除，计量作业时引发罐车口着火。
（2）卸油胶管绝缘，摘卸油管时产生静电分离电位差放电，引起卸油口着火。

（3）卸油时未做到完全密闭，现场积聚大量油蒸气，启动车辆打火或敲打铁器等时产生火花引起油蒸气爆炸或着火。

（4）卸油作业遭遇雷击或明火、取暖锅炉排烟等外部火源引起爆炸或着火。

二、铁路罐车卸油灭火

（1）计量人员立即停止卸油，停止作业、切断所有电源，关闭卸油阀门同时启动加油站灭火预案铁路罐车灭火程序。迅速组织现场员工，第一时间在现场使用石棉被、湿棉衣、湿麻袋等盖住罐口着火部位。力争将火扑灭。当火势未扑灭时，应使用灭火器对准着火部位进行封盖灭火。同时，罐车驾驶员应将罐车迅速驶离现场，再进行扑救。

（2）卸油管或卸油胶管着火，用石棉被或湿衣服、湿棉被将罐车罐出口阀关闭。用手提干粉灭火器对准着火部位左右灭火。

（3）若现场油蒸气爆炸或卸油时遇雷击、明火等外部火源造成爆炸引起着火，应立即停止卸油，关闭阀门，断电、停业，同时应对着火罐车或储罐用推车灭火器、消防沙等进行迅速灭火；罐车司机要快速将着火罐车驶离储罐区，再继续施救。如果火灾较大无法控制，应果断撤离加油站所有人员及车辆，并通知附近居民马上疏散，同时拨打火警电话“119”并报告上级请求灭火支援，加强加油站周围警戒，等待救援，配合灭火。

（4）事后清理现场残留物，运出站外进行处理。器材归位摆放。

（5）计量员重新计量油品，计算损失。

（6）非本企业新闻发言人不得擅自接受媒体采访和访问。

知识三　付油栈桥装车起火事故预防与扑救

图 3-3 为栈桥起火。

图 3-3　栈桥起火

一、事故预防

（1）提高岗位人员技术素质，严格执行操作规程和安全技术规定。

（2）认真维护设备设施完好，严禁带有隐患、故障的设备运行。

（3）避免冒油、漏油，一旦发生立即回收跑损油品并清理场地。

（4）开罐车盖使用防爆工具，轻拿轻放。

（5）操作人员穿防静电服装、鞋，严禁携带火种、钥匙及其他金属物件上栈桥。严禁使用化纤织物及轻质油擦洗设备和地面。严禁使用化纤物擦拭计量、测温、采样工具。

（6）作业人员上栈桥前释放人体静电。

（7）计量、测温、采样不能猛拉快落。大风雷雨天气严禁计量、测温、采样工作。晚间进行计量作业必须使用防爆灯具，并注意不可丢失。

二、火灾事故扑救

（1）发现火情，应立即使用就近火灾报警器、对讲机、呼喊报警，并应立即用就近的消防器材、沙土进行扑救，力争在初期将火扑灭以防扩大。

（2）应立即断电停泵，停止作业，关闭紧急切断阀，提起鹤管，然后再用以上的方法扑救。

（3）槽车满罐，在未进行接卸作业前着火，应用泡沫扑救、清水冷却，并要注意及时冷却保护并和其他车辆脱离，单独扑救。

（4）卸油时，冒罐外流发生火灾，首先应断电停泵，停止作业、提起鹤管、盖好车盖并用消防泡沫、干粉等进行扑救，先扑救地面流淌火，再扑救罐体火，并注意冷却保护等。

（5）在接卸作业过程中，附近地面、水沟、管线、阀门等处着火时，应立即停止作业，提起鹤管，盖好车盖，用灭火器进行扑救。同时尽快将列车撤离栈桥，以免发生危险。

知识四　油罐着火与预防

图 3-4 为油罐着火。

图 3-4　油罐着火

一、容易着火部位

呼吸阀、采样口、泡沫产生器口、进出口管线、阀门、法兰、罐底排水阀、罐区周围的排水沟，这些部位由于大量可燃气泄漏遇高温、明火、静电、雷击等极易发生火灾爆炸。

二、事故的预防措施

（1）严格遵守《防火防爆十大禁令》，严禁烟火，油罐区内严禁一切能产生火花的作业，严禁非计划用火或检修改造违章用火。严禁除消防车以外的其他车辆进入罐区。

（2）油罐必须有良好的接地，必须有安全可靠的防雷防静电设施，并定期检查维护，保证能起到防雷、防静电的作用。

（3）杜绝油罐区“跑、冒、滴、漏”事故发生，特别要加强责任心，防止油罐跑油，做到不脱岗、不蛮干，作业完成后设备复位。

（4）严格遵守储罐操作规程和各项安全规定，不违章操作，严防超安全容量，一经发现，应立即采取措施消除，保证油罐区安全。

（5）对油罐附件要经常检查维护，保证灵活好用，静电接地要定期测试，发现问题要及时处理。

（6）对油罐上的消防设施，经常检查，定期运行，防止生锈失灵，消防道畅通无阻，防火堤应严密，电气设备、照明、电筒要符合防爆要求。

（7）安全巡检时要认真细致，不留死角，发现异常情况应及时处理或上报。

（8）操作人员穿防静电服装、鞋，严禁携带火种、钥匙及其他金属物件上罐。严禁使用化纤物擦拭计量、测温、采样工具。

（9）作业人员上罐前释放人体静电，计量、测温、采样要紧贴导尺口落下和提起，不能猛拉快落。大风雷雨天气严禁计量、测温、采样工作。晚间进行计量作业必须使用防爆灯具，并注意不可丢失。

三、事故的扑救

（1）发现油罐区火灾，应立即就近使用火灾报警器、对讲机、呼喊报警。油罐区的地面、排污沟处着火应立即用就近的消防器材扑救，力争在初期将火扑灭以防扩大。

（2）罐区管线、法兰、仪表接口、焊接口等处着火立即用就近的消防器材扑救，及时切断与其有关的物料来源。

（3）若温度高时难以扑灭，必须对周围设备喷水冷却防止事故扩大。

（4）操作人员在罐顶操作时，罐顶呼吸阀、采样口浮顶罐密封圈着火，应立即使用石棉被封闭窒息灭火，或用干粉对准火根直接扑救。

（5）消防泵房值勤人员迅速启动泡沫泵，并开启相关油罐蝶阀向着火罐喷射泡沫，同时启动消防清水泵向火灾现场供水，确保供水、泡沫不间断。

（6）油罐爆炸着火，应首先启动固定灭火设备进行扑救，同时对相邻罐进行冷却保护。

（7）油罐爆炸着火，罐顶及固定灭火设备遭到彻底破坏。罐内油多，呈敞口烧杯型燃烧，不能盲目进行扑灭。首先应对火油罐及相邻罐进行降温，防止产生连锁燃烧、爆炸。二是统一指挥，待灭火人员、材料、器材全部到位后，集中灭火力量形成包围，力争一次灭火成功。

（8）罐区发生大面积、多罐燃烧，首先要冷却燃烧的油罐和相邻罐，对燃烧油罐逐个扑救，并从上风方向向临近未着火油罐威胁最大的一个先行扑救。在增援力量未到达前，先组织现有力量用于冷却油罐和保护油罐。增援力量到达后，把力量集中起来，逐个扑救。

由于油料具有易燃烧、易爆炸、易挥发、易流失等特点，作为运输、储存油料的储油罐

存在着巨大的危险性，油罐一旦发生火灾爆炸，具有损失大、扑救难、污染重等特点。请查阅相关资料，从油罐火灾特点、扑救方式等多个方面论述油罐火灾的基本扑救措施，同时完成小组作业：

（1）小组讨论《铁路罐车卸油起火应急预案》。

（2）小组制作 PPT《某企业油罐着火案例》。

子任务二　油品跑、冒、滴、漏油事故处理

任务描述

本任务为油品冒油事故处理。汽油油罐在卸车过程中发生油罐冒顶事故，有少量油品冒出事故处理过程：设备操作员在巡检过程中发现汽油储罐V-1001发生冒顶事故，有汽油从呼吸窗冒出。及时通知当班调度员，调度员下达汽油储罐冒顶紧急事故处理预案，将冒顶储罐内的油品通过装料泵转移至储罐V-3001（已清空）中，并最大限度地减少损失，做好记录。详细流程图可扫描二维码附图1查看。

附图1

任务目标

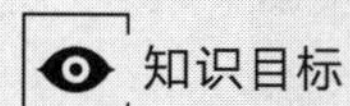

1. 了解油品冒罐事故的原因及应急措施。
2. 了解管线泄漏事故的原因及应急措施。

能力目标

1. 能够针对油品冒罐事故进行案例分析。

2. 能够按要求进行正确的调度以完成事故处理。

素质目标

1. 能将所学理论知识与实际生产相结合，具有理论联系实际的能力。

2. 能与团队协作，具有工作分工、信息交换的能力。

3. 通过事故分析培养学生的责任感。

职业技术标准

一、职业标准

《油气输送工国家职业标准》(高级工)

二、技术标准

《石油库设计规范》(GB 50074—2014)
《输油气站消防设施设置及灭火器材配备管理规范》(Q/SY 129—2011)
《销售企业油库、加油站 HSE 实施程序编制指南》(Q/SHS 0001.8—2001)

活动一　油品冒罐事故案例分析

一、事故起因

(1) 值班作业人员擅离职守（看球或睡觉）是造成油罐装满跑油的直接原因。

(2) 在油蒸气浓度很高的情况下，油库领导让司机发动汽车是导致油罐着火爆炸的直接原因。

(3) 当天晚上至次日上午气压很低，无风，使积聚的油蒸气不能很快散去或降至混合油蒸气着火爆炸下限浓度，是导致油罐着火爆炸的间接原因。

(4) 由于被烧毁的8座油罐建在库房内，溢出的几十吨轻质油料在罐库内形成相对密闭的油池，在混合油蒸气爆炸的瞬间冲开罐库顶盖，强大的冲击波挤压油罐变形裂开是造成油罐着火爆炸事故扩大的重要原因。

(5) 由于油罐违章建在罐库内，致使消防救援人员对油料的初始火灾不能迅速扑灭，油罐火情越来越大，并陆续发生三次油罐爆炸，基本上是在2000多吨汽油、柴油经过8个多小时几乎烧完的情况下，才将油火扑灭。

(6) 未设固定、半固定或移动消防灭火设施，不能在消防救援人员到来之前，有效地控制火情或扑灭初起油火。

(7) 公司人员未经消防训练，缺乏基本的消防常识。“119”火警电话还是其他单位的人员打的，也是他们引导消防车抵达火场，耽误了扑灭初始火灾最宝贵的十几分钟时间。

二、事故分析

这次油罐着火爆炸事故，虽然事发偶然，但实则蕴藏着暴发重大安全事故的必然性。

(1) 违章建库。所建油罐均不符合《石油库设计规范》所规定的安全距离要求。非正规设计单位设计，非资质单位施工，将油罐建在罐库内，容易造成油蒸气大量积聚，为油库安全留下了重大隐患。

(2) 违纪使用。2001年4月20日，该区消防大队在专项治理排查中，发现油库存在重大火灾隐患，依据《中华人民共和国消防法》和《辽宁省消防条例》，当即责令其停止违法行为，并于4月23日下发了《公安行政处罚决定书》，责令该公司停止使用油库并处以罚款1万元，给予副总经理罚款500元的处罚，该油库当日便缴纳了罚款。

一周后，该区消防大队对油库进行了复查，确认该油库已停止使用。同时了解到该公司筹资540万元，征地40000m^2，准备将油库搬迁，规划图纸已设计完毕，并上报市建委和规划等部门待批。在油库停止使用期间，该油库仍时常暗中进行收油、发油作业，直至发生轰动全国的“9·1”油罐着火爆炸的恶性事故。

(3) 重效益、轻安全。该公司只重视经济效益，不重视消防设施建设。着火爆炸的8座油罐无配套的固定或半固定消防设施，致使发生油罐着火爆炸时不能扑救初起火灾或控制火情，只能等待消防救援人员的到达。

(4) 重经营、轻管理。该公司对油料经营抓得紧，对安全管理听之任之。在此之前，已经发生多次油罐溢油事故，少则几十千克，多则几吨，均未引起公司领导的足够重视。

(5) 重使用、轻培训。该公司员工大部分未经业务、消防培训，缺乏基本的油料常识和消防常识，对溢油、跑油事故习以为常，油气中毒根本不懂，油料易燃易爆特性知之甚少；不知如何扑救油火，如何报警，如何使用灭火器材。

(6) 疲劳作业，隐患多多。该公司油库保管队人员较少，经常连续几天几夜进行油料收发和转输作业，多次发生员工打瞌睡或睡过去的现象，并多次发生跑油、冒油事故。

(7) 夜间输油，隐患多多。该公司油库由于业务经营需要，经常在夜间进行转输油料作业，为事故的发生埋下了隐患。一是油罐区照明条件不好；二是连续夜间输油作业，致使员工作业发生失误的概率扩大；三是夜间发生油料跑、冒、滴、漏现象不易发现；四是夜间通信联络困难，一旦有事容易延误时机。

活动二　管线破损事故案例分析

一、青岛输油管道爆炸事故原因初步分析

（1）“11·22中石化东黄输油管道泄漏爆炸特别重大事故”的直接原因是输油管线与排水暗渠交汇处的管线腐蚀严重，引起原油泄漏，流入暗渠，空气和原油在密闭空间里混合。在原油泄漏后，救援处置中违规操作触发了爆炸。

（2）事故和当地的管线布局也有关系。事故发生地段管线布局不合理，造成管线腐蚀严重。胶州湾潮汐的运动可能将原本应流入海里的原油倒灌，逆向漂移至斋堂岛街区段，造成爆炸在人员相对密集区发生。

二、长输管线泄漏事故案例分析

油气管道产生泄漏的主要原因：腐蚀穿孔、疲劳破裂和外力破坏。

（1）尽管采取腐蚀控制措施可以大幅度减缓腐蚀，但并不能绝对防止腐蚀。阴极保护不足时，管道腐蚀速度虽然会由于阴极保护而变缓但不会停止；阴极保护被屏蔽时，则对管道腐蚀根本起不到抑制作用。

阴极保护不足是指阴极保护系统所提供的保护电流不能满足管道保护要求；阴极保护屏蔽是指阴极保护电流在流动中受阻，不能到达预定位置。油气管道长期在高压条件下运行，管道金属的机械性能会逐渐衰退，管道焊缝本身存在的以及由于应力腐蚀产生的微小裂纹就会扩展，裂纹发展到一定程度，则会酿成突发性的管道破裂事故，导致泄漏。对于输气管道来说管道破裂有可能造成灾难性的后果。

（2）外力破坏主要包括天灾和人祸两方面。洪水、山体滑坡、泥石流以及地震等都有可能毁坏管道；人祸主要是指第三方破坏，包括各类建设项目的施工如筑路、开挖等所造成的无意破坏及打孔盗油、盗气等不法分子造成的蓄意破坏，目前已成为管道保护的主要威胁，有些地区甚至是第一位的破坏原因。

油气管道泄漏不仅造成油气损失，而且污染环境，甚至有可能引发火灾、爆炸等事故，因此确保管道安全运行是非常重要的。

活动三　卸油冒顶事故处理操作

事故前装置状态：XV1001，XV1005开启，XV1013开启，XV1014开启，XV1009开启，其他阀门处于关闭状态，P-1001运行，V-1001液位报警，V-3001液位显示400mm。详细流程图可扫描二维码附图1查看。

附图1

一、初始状态

操作员——按照工艺参数确定各罐的储油温度范围正常。

操作员——确认采分系统完好。

操作员——油罐工艺温度低于储存温度。

操作员——所有阀门均为关闭状态。

操作员——确认辅助物品的配备完好齐全（安全帽、手套、对讲机、F型扳手、球阀扳手等）。

操作员——确认并调整巡检牌的初始状态。

二、卸油冒顶事故操作步骤

[P1]——卸油操作工在巡检过程中发现汽油罐有油品从呼吸窗内流出，向当班调度员汇报，汇报内容包括：油品类型、储罐位号、溢出油品量（少量/大量）。

[M]——调度员收到通知，要求立即启动汽油油罐冒项事故紧急预案，调度员通知总调度室事故基本情况。

[M]——要求泵区操作员停汽油泵P-1001。

[P2]——泵区操作员关停汽油泵P-1001。

[P2]——设备操作员关闭汽油泵出口控制阀XV1014。

[P2]——设备操作员关闭汽油泵进口控制阀XV1013。

[M]——要求罐区操作员关闭卸油流程。

[P1]——罐区操作员做好自身防护，佩戴过滤式防毒口罩、安全防护镜、手套。

[P1]——罐区操作员关闭V-1001进油控制阀XV1009。

[P1]——罐区操作员关闭进油控制阀XV1005。

[P1]——罐区操作员关闭控制阀XV1001。

[M]——卸油流程关闭，通知罐区操作员和泵区操作员准备往V-3001内转油（转油量为V-1001液位达到安全液位1800mm后多余的油量），要求罐区操作员开启转油流程。

[P1]——设备操作员开启储罐V-1001出油控制阀XV1010。

[P1]——设备操作员开启控制阀XV1003。

[P1]——设备操作员开启控制阀XV1047。

[M]——要求泵区操作员开启转油流程。

[P2]——泵区操作员开启控制阀XV1013。

[P2]——泵区操作员开启控制阀XV1012。

[P2]——泵区操作员开启汽油泵P-1001。

[P2]——泵开启后，当压力升高到0.6MPa时，泵区操作员逐步开启XV1014。

[M]——当达到安全液位以下时，调度员通知罐区操作员和泵区操作员立即执行停转油操作，要求泵区操作员停输油泵流程（转油过程中泵区和罐区进行巡检）。

[P2]——设备操作员收到通知，关闭控制阀XV1014。

[P2]——操作员关停P-1001。

[P2]——操作员关闭控制阀XV1012。

[P2]——操作员关闭控制阀XV1013。

[M]——要求罐区操作员关闭转油流程。

[P1]——操作员关闭控制阀XV1047。

[P1]——操作员关闭控制阀XV1010。

［P1］——操作员关闭控制阀 XV1003。

［P1］——操作员通知调度员完成相关阀门关停操作。

［M］——根据事故编写事故处理表单。

三、填写操作记录表

操作记录表见表 3-4。

表 3-4　卸油过程中冒顶事故操作记录表

<table>
<tr><td colspan="4">条件：V-1001 和 V-3001，储罐尺寸为 1800mm（直径）×2000mm（高），储存油品为汽油，初始收油 V-1001 液位为 1750mm</td></tr>
<tr><td colspan="4">工况信息确认（9 分）</td></tr>
<tr><td>事故油罐罐号（1 分）</td><td colspan="2"></td><td>得分：</td></tr>
<tr><td>事故时液位（1 分）</td><td colspan="2"></td><td>得分：</td></tr>
<tr><td>事故时温度（1 分）</td><td colspan="2"></td><td>得分：</td></tr>
<tr><td>油品类型（1 分）</td><td colspan="2"></td><td>得分：</td></tr>
<tr><td>总收油量（1 分）</td><td colspan="2"></td><td>得分：</td></tr>
<tr><td>油品总损耗量（1 分）</td><td colspan="2"></td><td>得分：</td></tr>
<tr><td>转油接收油罐罐号（1 分）</td><td colspan="2"></td><td>得分：</td></tr>
<tr><td>接收油罐初始液位（1 分）</td><td colspan="2"></td><td>得分：</td></tr>
<tr><td>接收初始温度（1 分）</td><td colspan="2"></td><td>得分：</td></tr>
<tr><td colspan="3">少量油品泄漏处理方案编写（4 分）</td><td rowspan="2">得分：</td></tr>
<tr><td></td><td colspan="2"></td></tr>
<tr><td colspan="3">总　　分</td><td></td></tr>
<tr><td>教师签字</td><td></td><td>操作员签字</td><td></td></tr>
</table>

一、操作得分表

卸油冒顶事故操作考核现场操作得分表见表3-5。

表3-5 卸油冒顶事故操作考核现场操作得分表（15分）

序号	考核内容	考核记录	小项分值	小项扣分	本项得分
1	事故汇报	未汇报事故油品类型	1		
		未汇报事故罐号	1		
		未汇报溢出油品量(少量/多量)	1		
2	事故预案启动	未启动预案	1		
		未向调度室汇报	1		
3	佩戴过滤式防毒口罩	未佩戴过滤式防毒口罩	2		
4	佩戴安全防护镜	未佩戴安全防护镜	2		
5	在转油期间巡检情况，未巡检一处扣一分(共6个巡检点)	V-1001罐区巡检(　)	1		
		V-2001A罐区巡检(　)	1		
		V-2001B罐区巡检(　)	1		
		V-3001罐区巡检(　)	1		
		P-1001/P-3001泵区巡检(　)	1		
		P-2001A/P-2001B泵区巡检(　)	1		

二、文明生产得分表

文明生产得分表见表3-6。

表3-6 文明生产得分表

序号	违规操作	考核记录	项目分值	扣分
1	按照石化行业有关安全规范，着工作服、手套，佩戴安全帽。未佩戴或佩戴不规范(安全帽未系带、工作服未系扣、外操进入装置操作时未戴手套)每项扣2.5分，扣满10分为止	时间：(　　)安全帽佩戴不规范	2.5分	
		时间：(　　)工作服穿戴不规范	2.5分	
		时间：(　　)手套佩戴不规范	2.5分	
		时间：(　　)其他配套劳保用具佩戴不规范	2.5分	
2	进入储油库操作前需提前触摸静电消除球，每次进入前未触摸扣5分，扣满20分为止	时间：(　　)未触摸静电消除球	5分	
		时间：(　　)未触摸静电消除球	5分	
		时间：(　　)未触摸静电消除球	5分	
		时间：(　　)未触摸静电消除球	5分	

续表

序号	违规操作	考核记录	项目分值	扣分
3	保持现场环境整齐、清洁、有序，出现不符合文明生产的情况，每次扣10分（嬉戏，打闹，坐姿不端，乱扔废物，串岗等），扣满20分为止	时间：（　　）嬉戏，打闹，坐姿不端，乱扔废物，串岗	10分	
		时间：（　　）嬉戏，打闹，坐姿不端，乱扔废物，串岗	10分	
4	内外操记录及时、完整、规范、真实、准确，弄虚作假每次扣10分，扣满50分为止	时间：（　　）	10分	
		时间：（　　）	10分	
		时间：（　　）	10分	
		时间：（　　）	10分	
		时间：（　　）	10分	
5	考核期间出现由于操作不当引起的设备损坏、人身伤害或着火爆炸事故，考核结束不得分；出现重大失误导致任务失败，考核结束不得分	时间：（　　）安全事故	100分	
		时间：（　　）重大失误	100分	
注：文明生产考核过程中根据操作员的违规操作逐项扣除，扣满100分为止，出现安全事故或者重大失误考核立即结束；最高得分100分，最低得分0分				
考评员签字： 操作员签字：		扣分合计： 得分合计：		

知识一　油品冒罐事故案例

2001年9月1日，某石油有限公司储罐区发生该市有史以来最严重的一次恶性油罐着火爆炸事故，8座400m^{3}的油罐和1000m^{2}的罐库被烧毁，烧掉汽油、柴油2000余吨，造成1人死亡、8人受伤，直接财产损失2852395元。

8月31日夜，该公司油库保管队从11号储罐向8号储罐倒汽油至9月1日凌晨。由于参加转输作业的人员擅离职守，未及时发现8号储罐溢油，致使轻质油料从油罐内外溢达几十吨，其油蒸气一直蔓延到150m开外。司机发动汽车送伤员去医院，结果引爆混合油蒸气，瞬间窜至溢出油料罐区，引爆引燃溢出油料，并陆续（三次）将8座油罐引爆烧毁。大火燃烧了8个多小时才被消防救援人员奋力扑灭。该油库办公楼车库方向首先发生爆炸并有火球窜出，随后整个库区地面火光四起，紧接着该油库的1～8号储罐发生爆炸。

知识二　油罐破损跑油事故案例

1986年3月30日3时25分，林源炼油厂原油罐区发生了一起重大火灾。大庆市和友邻单位的消防队先后出动了49辆消防车、486名消防队员，用掉泡沫灭火剂87.5t、灭火干粉3t、水9684t，经过消防队员和职工们14个小时的奋力扑救，才将这次罕见的可能导致毁灭性的火灾扑灭。这次大火烧掉原油、蜡油、污油共5036t，直接经济损失132万元。油罐施工质量差，设备缺陷长期得不到解决。根据事故现场勘察，21号蜡油罐底焊缝处裂开一条长12.180mm、最宽处为140mm的口子。其中一些焊缝表面光滑，说明有漏焊、虚焊，很多部位属单面焊接。

知识三　油泵房跑、冒、滴、漏油事故案例

1971年9月13日1时，某石油公司油库卸油泵房发生爆炸事故。该油库是某石油公司所属特区小油库，总容量1000m^3，有安装在地下室内的20座50m^{3}卧式钢质油罐。地下室有2个门，没有窗户，没有机械通风设备，房顶上覆土厚0.8m。

1971年9月12日夜来了几罐车柴油。9月13日1名工人合闸的瞬间发生爆炸，门口的工人被气浪推出10多米远，2名工人被烧成重伤。因没有油源，爆炸后时间不长火焰自行熄灭。

发生爆炸的原因：一是油泵技术状况不良，轴封处严重漏油，再加上没有机械通风设备，使油泵房内形成爆炸性油气混合气体空间。二是在爆炸性危险场所使用非防爆电气设备，产生火花，引燃油气发生了爆炸。

知识四　码头跑油事故案例

7月22日某油库码头用船上的泵从油船向油罐内卸汽油。经计算，油罐空容量可以容纳油船内的所有油品。但由于油舱与水舱之间的阀门未关闭，水舱里的水流入油舱，导致油舱里的油长时间卸不完。操作工人不坚守岗位，不按时检测油罐内液位，过了6h后才去检查油罐，这时油罐已经破裂（油罐装满之后，仍向罐内输油）。罐内压力升高，把罐顶与罐壁结合处胀开一条1m多长的裂口，油品从裂口处流出顺排水沟流到珠江（排水沟在防火堤处未设水封或关闭装置），跑油几十吨。江面上的油逐渐增多，油气到处扩散，明火点燃油气，整个江面一片火海，船上人员大部分被烧伤烧死。由于着火面积大，陆上救火设备用不上，无法扑救，直到把油烧完为止。事故溢跑油料几十吨全部烧掉，烧毁民船9条，烧死船民34人，烧伤80人，直接经济损失80万元。

知识五　公路发油装车跑油案例

某炼油厂销售车间汽油装油站台发生火灾。某汽车运输公司1辆带拖车的汽车油罐车在装油站台灌装汽油时，油罐冒油流到地面，司机在未清理地面上油料的情况下，擅自启动汽车。再加上该车燃料系统性能不好，16cm的排气管被烧毁，外单位的2台运油汽车也被烧毁。

知识六　管线破损事故案例

青岛输油管道爆炸事故经过

(1) 2013年11月22日凌晨2时40分，山东青岛黄岛区秦皇岛路与斋堂岛街交汇处，

中石化东黄复线地下输油管道破裂，原油出现泄漏。

（2）凌晨 3 时左右，110 接到报警。

（3）原油的输送于约凌晨 3 时 15 分被关闭。但此时原油已进入雨水管线，并沿着雨水管线进入胶州湾边的港池。

（4）6 时左右，中石化组织多辆工程车辆、2 辆消防车、一台小型挖掘机到达事发现场进行抢修。

（5）7 时 30 分，中石化方面在入海口处设置了两道围油栏。

（6）7 时许，青岛海事部门接到青岛港务局和丽东化工厂的报告，称发现海面有油。

（7）8 时 30 分，青岛市环境保护局接报，赶到入海口现场救援。

处置过程中，当日上午 10 时 30 分许，黄岛区秦皇岛路和斋堂岛路交汇处发生燃爆，同时入海口被油污染的海面上也发生燃爆。

图 3-5 和图 3-6 为事故后现场情况。

图 3-5　黄岛区刘公岛路炸成了河道

图 3-6　爆炸炸裂的地面、掀翻的车辆

在工业化进程中，管线输送已成为最重要的石油输送方式之一。输油管线一旦发生泄漏，造成的不仅是经济损失，对环境来说更是一种威胁。输油管线因受环境、地理、气候等因素的影响，发生腐蚀、泄漏的隐患相对较多，运行管理维护的难度较大。请查阅相关资料，分析影响输油管线腐蚀的原因，查找泄漏检测技术，并提出相应的腐蚀防护及应急处置措施。

任务二
油罐事故处理仿真实训

子任务一　储罐火灾事故处理仿真操作

任务描述

本任务为储罐火灾事故处理仿真操作。可扫描二维码附图3查看。大型油库由于规模较大,单靠某一方面的努力很难有效预防火灾事故的发生,需要从多个方面进行努力,比如设计、施工管理、生产管理和防范措施等。引发油库火灾事故的因素有自然和人为两种因素,需要详细分析是哪种因素才能够制定切实有效的预防措施，促使大型油库向着更加安全稳定的方向发展。

任务目标

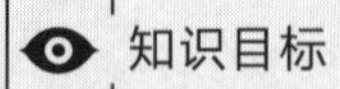

1. 了解储罐火灾事故的危害性和发生原因。
2. 掌握储油库消防技术及应急预案。
3. 熟悉储油库QHSE（质量、健康、安全、环境）管理体系。

能力目标

1. 能够进行储罐火灾紧急预案处理。
2. 能够正确认知油库消防设备种类并进行使用。
3. 能够进行储罐火灾事故的仿真流程操作。

素质目标

1. 具有化工安全、质量、环保、节能降耗、按章操作的意识。
2. 具有石油化工企业文化认同感。
3. 具有查找资料和获取信息的能力，并能够积极学习新技能。

职业技术标准

一、职业标准

《石油库设计规范》（GB 50074—2014）
《储罐区防火堤设计规范》（GB 50351—2014）

二、技术标准

《储油库大气污染物排放标准》（GB 20950—2007）
《输油气站消防设施设置及灭火器材配备管理规范》（Q/SY 129—2011）

活动一　编制《储罐火灾事故处理应急预案》

一、目的

为预防储油库火灾的发生和做好火灾发生后的应急响应，制订本预案。

二、范围

本预案适用于储油库火灾事故。

三、职责

表3-7为储罐火灾事故处理应急职责表。

表3-7 储罐火灾事故处理应急职责表

<table>
<tr><th>职能、组别</th><th colspan="2">责任人</th><th>职责任务</th></tr>
<tr><td>指挥</td><td></td><td></td><td>指挥协调</td></tr>
<tr><td rowspan="3">联络组</td><td></td><td></td><td rowspan="3">负责对内、对外联络</td></tr>
<tr><td></td><td></td></tr>
<tr><td></td><td></td></tr>
<tr><td rowspan="2">抢救组</td><td></td><td></td><td rowspan="2">负责抢救</td></tr>
<tr><td></td><td></td></tr>
<tr><td rowspan="2">救护组</td><td></td><td></td><td rowspan="2">负责负伤人员的救治和送治</td></tr>
<tr><td></td><td></td></tr>
</table>

四、资源配置

足够的消防器材，对外联络的通信器材，经培训的消防队员和其他职能人员，相应的医疗救护设备，足够的经费配置。

五、应急准备

（1）项目部根据实际情况配备足够的消防器材，并将标明消防器材布置点、安全通道的区域平面图张贴在显眼位置。对外联络电话：火警119、急救120。

（2）项目部建立相应的防火领导小组和防火职能班组并进行相应的培训。

（3）项目部每月检查一次，确保消防器材的完好性，并进行合理的维护保养。

（4）项目部每季度对易燃物储存环境及电线线路进行一次检查，消除隐患，并保持防火通道、安全通道的畅通。

六、应急响应

（1）火灾发生时，应确定火灾的类型（电火灾、危险品火灾、易燃物火灾）和火势大小，并立即报告防火领导小组。防火领导小组启动防火应急预案。

（2）防火领导小组根据火灾的类型和火势大小选用相应的消防器材组织义务消防队进行扑救。

（3）疏散组根据现场情况确定疏散、逃生通道，组织逃生疏散，并负责维持秩序和清点人数。

（4）对外联络组立即拨打119通知消防部门，报警时要讲明起火地点、火势大小、火灾的类型，并派人到路口接警并指示消防通道。

（5）抢救组立即切断电源，并组织物质抢救，尽量减少损失。

（6）环保组负责采取措施控制环境污染。

（7）救护组负责负伤人员处置，根据伤情的严重程度确定是现场施救还是送医院救治（急救电话120）或是请医护人员现场组织施救。

（8）防火领导小组要负责现场的指挥、救护、通信、车辆的使用调度工作。

七、纠正和改进

（1）事故发生后，项目部组织相关部门进行原因分析，填写意外事故报告，针对事故原因，采取纠正措施报管理者代表确认。

（2）事故发生后，项目部负责对应急预案进行评价并完善。

（3）事故责任人的处理由各组组长负责。

活动二　储油库火灾事故处理仿真操作

图3-7为储油库火灾事故处理仿真操作。按照《储油库火灾事故操作计划书》，考核设置为两人操作考核，角色分别为班长——M和罐区操作员——P。状态确认用（　）表示，操作过程用［　］表示，安全事项用〈　〉表示。详细流程可扫描二维码附图3查看。

附图3

图3-7　储油库火灾事故处理仿真操作

油罐着火事故处理步骤如下。

[P]——操作员发现 V-3001 发生火灾事故，立即向班长汇报。

[M]——班长立即从上位机停止收油，关闭 XV7004。

[M]——班长立即从上位机停止收油，关闭 XV7005。

[M]——班长从上位机关闭储罐进油控制阀 XV7024。

[M]——班长从上位机关闭储罐进油控制阀 XV7027。

[M]——立即拨打 119 报警电话，报警内容包括事故、地点、火情。

[M]——向调度室汇报事故，并要求调度协调停止输油。

[M]——班长进行人员疏散。

[P]——设备操作员通知班长消防泡沫泵已开启。

[P]——立即将消防泡沫引入 V-3001。

[P]——立即将消防泡沫引入 V-3002。

[P]——立即将消防泡沫引入 V-3003。

[P]——立即将消防泡沫引入 V-3004。

[P]——开启消防水对 V-3001 进行降温。

[P]——开启消防水对 V-3002 进行降温。

[P]——开启消防水对 V-3003 进行降温。

[P]——开启消防水对 V-3004 进行降温。

[P]——立即关闭防火堤的雨水外排泄阀。

[P]——向班长汇报正使用消防泡沫炮进行灭火。

[M]——对原油罐区的地沟进行沙土封堵。

[M]——班长在原油罐区上下两条路放置警戒牌，禁止无关人员靠近。

[M]——班长对消防车进行引导。

[M]——班长向调度室汇报，火情得到控制并要求进行现场的清理。

表 3-8 为课堂表现得分表。

表 3-8 课堂表现得分表

序号	课堂表现	任务完成情况		
		圆满达成	基本达成	未能达成
1	配合教师教学活动的表现，能积极主动地与教师进行互动			
2	对课堂教学过程中出现的问题能主动思考，并使用现有知识进行解决			
3	小组讨论过程能积极参与其中，并给出建设性的意见			

知识一　储油库消防设备类型

安全就是最大的效益，油库安全就是一切工作的根本。为确保油库安全，油库坚持“预防为主，防消结合”的管理方针，认真贯彻落实“谁主管、谁负责”“专职消防队与义务消防队相结合”的安全管理原则。为了增强突发事件的应付能力，油库建立消防预案，成立了由灭火指挥组、消防灭火组、物资保障组、医疗救护组、安全警戒组组成的安全消防作战整体，定期组织全体员工进行消防演练，由上级机关不定期进行检验。

油库安全设备设施涉及的范围比较广，大至一个独立的系统，如固定消防系统；小至某种具体设备，有的甚至连设备也算不上，只能作为某些工艺设备的一种附件和结构，如测量口的有色金属护板、接地端子、呼吸管线的清扫口等；有的既可称为工艺设备，又可称为安全设备，如机械呼吸阀等。图 3-8 为消防塔，图 3-9 为消防泡沫罐。

图 3-8　消防塔

图 3-9　消防泡沫罐

对这些设备设施的分类，目前尚无统一的规定可循，通常按以下两种方法划分类型。

一、按用途分类

按设备设施在安全事故中的用途来分，大致可以分成以下 6 种。

（1）提高设备安全性能的设备设施，如安全阀、阻火器、防爆电气设备、防静电接地装置等。

（2）防止外界因素破坏的设备，如防雷设施、电气化铁路防护设施等。

（3）防止事故扩大蔓延的设施，如防火堤、密闭门等。

（4）事故抢险、救灾的设备设施，如固定消防供水、灭火系统，消防装备和器材等。

（5）事故预测、报警、安全检查的设备，如可燃气检测仪、消防报警装置、接地电阻仪等。

（6）防止人为损害、破坏的设备设施，如警戒仪，防盗采光孔、盖等。

二、按工作属性分类

在实际工作中，对油库安全设备设施的分类一般是按其工作属性来区分的，并将同类的设备设施归纳为一个系统，可以分为以下9种系统。

（1）油罐呼吸系统。它由呼吸阀、呼吸管路、液压安全阀、阻火器、清扫口、U形压力计等组成，主要作用是保证油罐在大小呼吸时罐体的安全和减少油品蒸发损耗。

（2）防雷防静电系统。它由避雷接闪器、防雷接地极、防静电接地极、防静电连接线、导静电扶手等组成，主要作用是防止雷电侵害和静电危害。

（3）通风系统。它由通风机、通风管道、切换阀门组成，主要作用是置换爆炸危险场所的可燃性气体，防止油气着火爆炸，减少人员油气中毒的概率。

（4）安全防护系统。它由防火堤、拦油堤坝、封围墙、油水隔离间等组成，罐内油品流失时起到封堵、限制流失范围、防止事故蔓延的作用。

（5）固定消防系统。它由消防水源、油泵房、泡沫储罐、管道、消防栓、泡沫发生器、泡沫枪等组成，其作用是一旦油罐着火，可进行及时有效的扑救。

（6）防爆电气系统。它由各种防爆电气设备、线路、保护装置等组成，其主要作用是保证爆炸危险场所的用电安全。

（7）检测、抢救、防护系统。它由环境空气检测设备、电气参数检测仪表、个人防护装具及工具、设备故障检测仪表等组成，其主要作用是用于事故预测、事故抢救、事故调查工作。

（8）安全警戒防卫系统。它由各种警戒仪表、警戒线网等组成，具有发现、报警、打击等功能，保护库区安全。

（9）电气化铁路防护系统。它由绝缘轨缝、隔离开关、排流接地等组成，其作用是减少电气化铁路对油库收发油设施的干扰，防止铁路装卸油区设备带电，成为威胁油库安全的危险因素。

知识二　储罐火灾事故的原因及处理方法

一、火灾事故的原因

容易着火部位有：呼吸阀、采样口、泡沫产生器口、进出口管线、阀门、法兰、罐底排水阀、罐区周围的排水沟，这些部位由于大量可燃气泄漏，遇高温、明火、静电、雷击等极易发生火灾爆炸。

二、事故的预防及处理措施

1. 落实消防责任，加强消防管理

（1）完善消防安全管理组织，确定各级责任人，制定完善消防安全规章制度，加大消防

投入，加强日常消防管理，消除消防违法行为，整改火灾隐患。

（2）制订消防工作计划，开展每月一次的防火安全检查，加强日常的防火巡查，确定重点防火部位，明确检查内容，发现问题及时责成有关车间班组改正。

2. 加强消防宣传教育培训和演习

（1）对全体员工开展一次消防知识培训，重点培训岗位防火技术、操作规程、灭火器和消防栓使用方法、疏散逃生知识、消防基本法律法规和规章制度。

（2）在全体员工中组织开展一次消防演习，练习灭火技能和组织疏散逃生的技能。

3. 完善技术防范措施

（1）对工厂各部位、岗位的火灾危险性进行一次分析，找出薄弱环节，制定有针对性的预防措施。

（2）检查和完善消防报警系统、消防自动灭火系统、消防标志和消防应急照明、消防疏散和防火分区、防烟分区、消防车通道、防火卷帘、防排烟系统、应急消防广播以及灭火器等，保证完好。

（3）安装监控装备，与消防设施联动，及早发现和排除火灾隐患。

4. 事故的扑救

（1）发现油罐区火灾，应立即使用就近火灾报警器、对讲机、呼喊报警。油罐区的地面、排污沟处着火应立即用就近的消防器材扑救，力争在初期将火扑灭，以防扩大。

（2）罐区管线、法兰、仪表接口、焊接口等处着火应立即用就近的消防器材扑救，及时切断与其有关的物料来源。

（3）若温度高时难以扑灭，必须对周围设备喷水冷却防止事故扩大。

（4）操作人员在罐顶操作时，罐顶呼吸阀、采样口浮顶罐密封圈着火，应立即使用石棉被封闭窒息灭火，或用干粉对准火根直接扑救。

（5）消防泵房值勤人员迅速启动泡沫泵，并开启相关油罐蝶阀向着火罐喷射泡沫，同时启动消防清水泵向火灾现场供水，确保供水、泡沫不间断。

（6）油罐爆炸着火，应首先启动固定灭火设备进行扑救，同时对相邻罐进行冷却保护。

（7）油罐爆炸着火，罐顶及固定灭火设备遭到彻底破坏。罐内油多，呈敞口烧杯型燃烧。

油库区火灾事故具有危害大、涉及面广、后果严重的特点，一旦事故发生后必须及时做出相对应的正确处置措施，快速地消除事故危害，减小事故扩散的可能性。然而，在事故发生后，由于应急措施不当所造成的人员伤亡增加、事故情况急速恶化和环境污染加重等应急事故时有发生。请查阅相关资料，通过实际事故案例的调查分析，分析油气储运火灾事故演化路径，确定应急预案。

子任务二 储罐泄漏事故处理仿真操作

任务描述

结合储罐防渗漏措施调研情况，对目前储罐渗漏情况进行阐述，并进行原因分析，提出了思想重视，严格执法，规范设计，施工以及分批逐步整改等几个方面的对策建议，呼吁加快储罐防渗漏隐患整治。本任务为储罐泄漏事故处理仿真操作。

任务目标

知识目标

1. 了解储油库储罐泄漏的原因，清楚容易泄漏的部位。
2. 掌握储油库应对储罐泄漏的方法。
3. 掌握储油库储罐泄漏处理的仿真流程操作。

能力目标

1. 能够及时找出储罐泄漏原因并进行事故处理。
2. 能够具备化工仪表操作与维护能力，进行DCS操作。

素质目标

1. 培养学生吃苦耐劳、踏实肯干的工作精神。

2. 培养学生的化工生产安全和环保意识。

3. 培养学生独立进行分析、设计、实施、评估的能力。

职业技术标准

一、职业标准

《石油库设计规范》(GB 50074—2014)
《储罐区防火堤设计规范》(GB 50351—2014)

二、技术标准

《转运油库和储罐设施的设计、施工、操作、维护与检验》(SY/T 0607—2006)
《石油储罐附件　第8部分：钢制孔类附件》(SY/T 0511.8—2010)

活动一　编制《储罐泄漏事故处理应急预案》

一、目的

确保在油库油品意外泄漏及爆炸紧急情况下能够及时应对，迅速处理，使财产及环境安全的损失降到最低。

二、范围

本预案适用于：罐下软管破裂、工艺连接的软管破裂、管线本身破裂、法兰等紧固件破裂、压力表脱落导致泄漏、收发球筒球门未关导致泄漏及其他情况。

三、职责

表3-9为储罐泄漏事故处理应急职责表。

表 3-9　储罐泄漏事故处理应急职责表

职责分工	职责部门	负责人	各小组职责
泄漏抢险组	应用试验室	部门负责人	佩戴好防护用品，关闭泄漏区域管线阀门、油泵等设施，断电，停止作业
火灾扑救组	技改设备部	部门负责人	铺设好消防水带，布置战场，启动消防泵，及时扑救突发火灾
安全警戒组	生产部	部门负责人	按照事故影响范围，设置禁区，布置岗哨，加强警戒，疏散外来人员及车辆，严禁物管人员进入禁区
疏散救护组	企管部	部门负责人	负责公众疏散，引导外部消防、医护等救援组织进入事故现场
通信联络组	后勤保障部	部门负责人	确保事故处理外线畅通，应急指挥部处理事故所用电话拨打迅速、准确无误
后勤保障组	物流部	部门负责人	根据现行实际需要，准备堵漏抢险物资及设备等，提供损坏管线、法兰、阀门等备件，并根据事故的程度，及时向外单位联系，调集物资、工程器具等

四、资源配置

足够的应急器材，对外联络的通信器材，经培训的修理队员和其他职能人员，相应的医疗救护设备，足够的经费配置。

五、应急准备

需配备的专用应急器材如下：

（1）防毒面具、空气呼吸器；

（2）连体工作服；

（3）防护手套；

（4）防护靴；

（5）护目镜；

（6）手摇泵；

（7）软管；

（8）气动隔膜泵；

（9）接油盘；

（10）铁桶或塑料桶；

（11）不锈钢移动油车；

（12）黄沙；

（13）吸油棉、堵漏工具。

六、应急响应

（1）现场作业人员佩戴好防护用品，关闭泄漏区域管线阀门、油泵等设施，断电、停止作业。

（2）对于卸油区等部位泄漏的油品，通过围堵或引流防止事故现场扩大。对于罐区油品跑冒油事故，根据情况立即关闭出事罐进口或出口阀门，必要时进行转输作业；关闭消防堤排污阀、排水阀，防止油品进入下水道。若汽油大量泄漏，应向油面覆盖泡沫，抑制蒸发。

（3）对事故设备、管道进行抢修。

（4）利用应急泵、铝簸箕、吸油毡等用具，将油品回收至罐车或铝桶内。并将用过的吸油毡等用品统一送至危废间待处理。

(5) 对泄漏油品造成的环境污染进行恢复。

七、预防与预警

(1) 可燃气体报警器监控。在油库储油区安装可燃气体报警器，实施24h监控，发生泄漏立即报警。

(2) 专人巡检，坚持以定时、不定时巡查的方式，加强对危险源、危险区域进行巡检，发现异常立即报告和处置。

(3) 做好油罐、管线、阀门等装置的除锈防腐工作，防止因设备锈蚀造成的渗漏。

(4) 严格执行安全生产禁令、油库安全管理“十不准”等规章制度，杜绝违规操作。

(5) 做好设备定期检测及检定工作，防止工作压力超过管线所能承受的强度。

(6) 加强外来人员安全教育，防止施工或行车过程中碰撞管道、阀门等设施造成油品跑冒事故。

八、应急保障

(1) 消防水池按要求注水量至少要达到540m^3，始终处于临战状态，以备在火情出现时保障充足供水。

(2) 消防水泵要处于良好状态，一旦火情出现时，能够做到立即启泵，随时向消防水池内补充水。

(3) 救援队伍、救援资金、救援物资都要处于临战状态，以便在发生事故时随时能够进行应急救援。

活动二　油罐泄漏事故处理仿真操作

图3-10为油罐泄漏事故处理仿真操作。考核设置为两人操作考核，角色分别为班

图3-10　油罐泄漏事故处理仿真操作

附图 3

长——M 和罐区操作员——P。状态确认用（ ）表示，操作过程用［ ］表示，安全事项用〈 〉表示。详细流程可扫描二维码附图 3 查看。

［P］——操作员发现 V-3003 在倒罐过程中发生泄漏事故，立即向班长汇报。

［M］——班长向调度室报告，发生泄漏事故。

［M］——班长宣布启动原油罐泄漏事故紧急处置预案。

［P］——关闭输油泵 P-3004。

［P］——关闭控制阀 XV7018。

［P］——关闭控制阀 XV7019。

［P］——关闭控制阀 XV7013。

［P］——关闭控制阀 XV7011。

［P］——关闭控制阀 XV7053。

［P］——关闭控制阀 XV7054。

［P］——关闭控制间 XV7038。

［P］——关闭控制阀 XV7034。

［P］——关闭控制阀 XV7015。

［P］——报告班长转油流程已经关闭。

［M］——收到通知要求操作员将 V-3003 内的部分油转移至 V-3004 内。

［P］——打开控制阀 XV7042。

［P］——打开控制阀 XV7043。

［P］——打开控制阀 XV7018。

［P］——打开控制阀 XV7019。

［P］——打开控制阀 XV7015。

［P］——打开控制阀 XV7056。

［P］——打开控制阀 XV7060。

［P］——报告班长转油流程已开启完毕。

［M］——班长接到通知命令设备操作员执行转油操作。

［P］——设备操作员开启转油泵 P-3004。

［P］——报告班长转油已经开始。

［M］——与操作员同时操作，关闭防火堤的雨水外排泄阀。

［M］——对原油罐区的地沟进行沙土封堵。

［M］——班长在原油罐区上下两条路放置警戒牌，禁止无关人员靠近。

［P］——通知班长泄漏事故已经得到控制。

［M］——班长命令操作员执行停转油操作。

［P］——关闭控制阀 XV7018。

［P］——关闭泵 P-3004。

［P］——关闭控制阀 XV7019。

［P］——关闭控制阀 XV7042。

［P］——关闭控制阀 XV7043。

[P] ——关闭控制阀 XV7015。

[P] ——关闭控制阀 XV7056。

[P] ——关闭控制阀 XV7060。

[M] ——对 V-3004 进行检尺操作。

[M] ——记录并计量损失油量。

[M] ——班长向调度室汇报，泄漏得到控制并要求进行现场的清理。

表 3-10 为课堂表现得分表。

表 3-10 课堂表现得分表

序号	课堂表现	任务完成情况		
		圆满达成	基本达成	未能达成
1	配合教师教学活动的表现,能积极主动地与教师进行互动			
2	对课堂教学过程中出现的问题能主动思考,并使用现有知识进行解决			
3	小组讨论过程能积极参与其中,并给出建设性的意见			

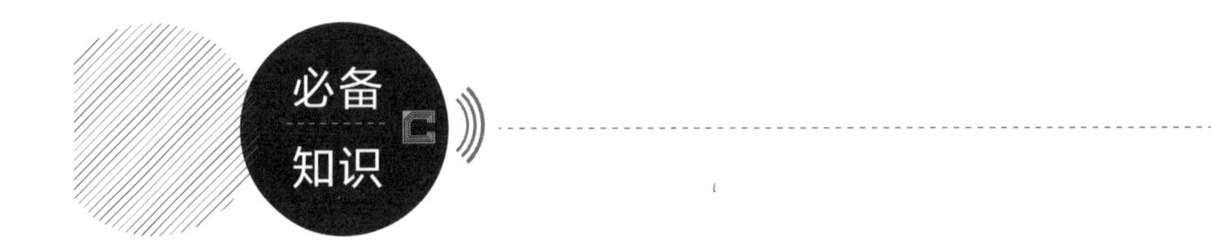

知识一 英国邦斯菲尔德油库泄漏事件

2005 年 12 月 11 日英国邦斯菲尔德油库发生的爆炸火灾事故，为欧洲迄今为止最大的爆炸火灾事故，共烧毁大型储罐 20 余座，受伤 43 人，无人员死亡，直接经济损失 2.5 亿英镑。12 月 11 日凌晨，912 号储罐停止收油，工作人员对该储罐进行了检查，检查过程大约在 11 日凌晨 1 时 30 分结束，此时尚未发现异常现象。从 12 月 11 日凌晨 3 时开始，912 号储罐的液位计停止变化，此时该储罐继续接收流量为 $550m^3/h$ 的无铅汽油。912 号储罐在 12 月 11 日 5 时 20 分已经完全装满。由于该储罐的保护系统在储罐液位达到所设置的最高液位时，未能自动启动以切断进油阀门，因此 T/K 管线继续向储罐输送油料，导致油料从罐顶不断溢出，储罐周围迅速形成油料蒸气云。一辆运送油品的油罐车经过邦斯菲尔德油库时，汽车排气管喷出的火花引燃了外溢油品形成的蒸气云引起爆炸、燃烧。图 3-11 和图 3-12 为事故现场情况。

图 3-11　火灾之后的受损油罐

图 3-12　油库爆炸形成的浓烟

知识二　美国墨西哥湾原油泄漏事件

2010 年 4 月 20 日夜间，位于墨西哥湾的“深水地平线”钻井平台发生爆炸并引发大火，大约 36h 后沉入墨西哥湾，11 名工作人员死亡。据悉，这一平台属于瑞士越洋钻探公司，由英国石油公司（BP）租赁。钻井平台底部油井自 2010 年 4 月 24 日起漏油不止。事发半个月后，各种补救措施仍未有明显效果，沉没的钻井平台每天漏油达到 5000 桶，并且海上浮油面积在 2010 年 4 月 30 日统计的 9900 平方公里基础上进一步扩张。此次漏油事件造成了巨大的环境和经济损失，同时，也给美国及北极近海油田开发带来了巨大变数。受漏油事件影响，美国路易斯安那州、亚拉巴马州、佛罗里达州的部分地区以及密西西比州先后宣布进入紧急状态。当时有专家预计，救灾的花费会在 10 亿美元左右。图 3-13 为事故图片。

图 3-13　海面原油泄漏

近年来国内外多次出现的大型石油化工码头的储罐区火灾、爆炸事故引发了国家对储罐区安全的重视。石油化工码头储罐区作为港口危险化学品储存、转运的重要场所，一旦发生泄漏，往往会引发火灾、爆炸、中毒、环境污染等灾难性事故。请查阅相关资料，提出油库泄漏的防治手段，例如安装封闭性较好的储油罐和油气回收设备，设置专门的排水系统，使用油水分离技术，做好油品防泄漏工作，加强日常安全检查，加强环境监测等方法。

模块四

储油库自动化应用

近年来，国内的大型储油库逐步进行了不同程度的自动化系统改造和重建，初步形成了具有一定过程控制功能和安全监控能力的油库自动化管理系统。本模块主要包括一卡通自助付油系统、储罐自动计量系统、转输作业自动化系统、油库消防自动化系统等，提高油库运营的劳动效率和安全性能。

任务一 储油库自动化测量

子任务 储油库自动化测量的应用

任务描述

结合油库实际需求并考虑未来业务拓展趋势，以高度灵活地适用于油库工艺设备管理、流程管理、基础设施设备及重大作业的自动化改造为基础，依靠油库控制系统信息网络与智能感知，集成库级信息管理系统、装车一体化系统、库区自动化集成平台，借助大数据统计分析与可视化技术，设计与实现一个通用的油库自动化管理系统，对油库安全生产运行的监控和管理具有十分重要的实际意义。本任务为储油库自动化测量的应用。

任务目标

知识目标

1. 了解油库自动化系统。
2. 掌握储罐液位自动化测量的方法。
3. 了解油库温度自动化测量。
4. 了解库存量自动化测量。

能力目标

1. 具有根据仪表数据进行油气储运生产工况分析的能力。
2. 能正确地对压力、流量、物位和温度等主要参数进行调校。
3. 具有化工仪表操作与维护能力，能进行DCS操作。

素质目标

1. 培养学生获取、分析、归纳、交流、使用信息的能力。
2. 培养学生将知识与技术综合运用与转换的能力。
3. 培养学生自主学习油气储运行业的新知识、新技术的能力。

职业技术标准

一、职业标准

《油气输送工国家职业标准》（高级工）

二、技术标准

《智能流量仪表　通用技术条件》（GB/T 34049—2017）
《智能温度仪表　通用技术条件》（GB/T 34050—2017）
《智能记录仪表　通用技术条件》（GB/T 34036—2017）

活动一 储罐液位测量

一、雷达液位计

如图 4-1 所示，雷达液位计在真空、受压状态下都可进行测量，而且准确安全，可靠性强。由于电磁波的特点，可以不受任何限制，不受环境的影响，能够适用于各种场合。雷达液位计的探头与介质表面无接触，属非接触测量，能够连续、准确、快速地测量不同的介质。雷达液位计的探头几乎不受温度、压力、气体等的影响，500℃时影响仅为 0.018%，50bar（$1bar=10^5Pa$）时为 0.8%。雷达液位计采用的材料化学性能、机械性能都相当稳定，且材料可以循环利用，极具环保功效。雷达液位计的应用范围很广，从被测介质来说，可以对液体、颗粒、料浆等进行测量。从槽罐体的形状来说，雷达液位计可以对球罐、卧罐、柱形罐、圆柱椎体罐等的液位进行测量。从罐体功能来说，可以对储罐、缓冲罐、微波管、旁通管中的液位进行测量。

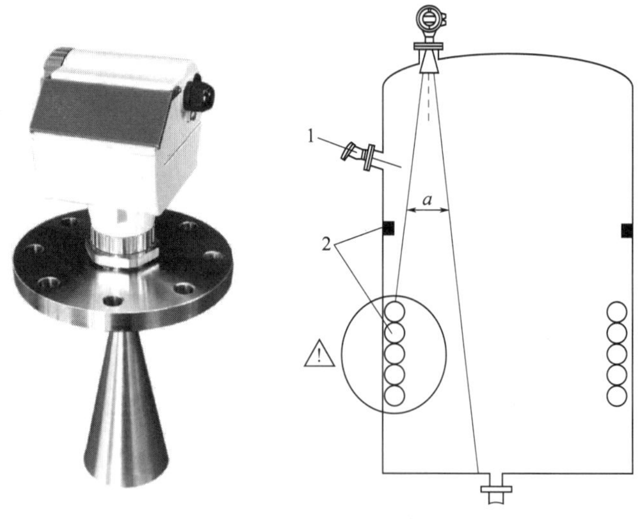

图 4-1 雷达液位计

二、超声波液位计

如图 4-2 所示，超声波液位计利用超声波在空气介质中的传播，遇到物体或液体，在介质初将产生反射并且有部分声波能被反射至声源，通过测量声波往返传播时间，利用声波传播速度，可计算得到声源至被测物体或液面的距离。由此可知超声波液位测量具有很多其他方法不可比拟的优点。液位传感器把容器内的液位信号转化成开关信号或者电压电流信号，然后通过外部电路，让测量者准确直观地知道容器内液位情况。

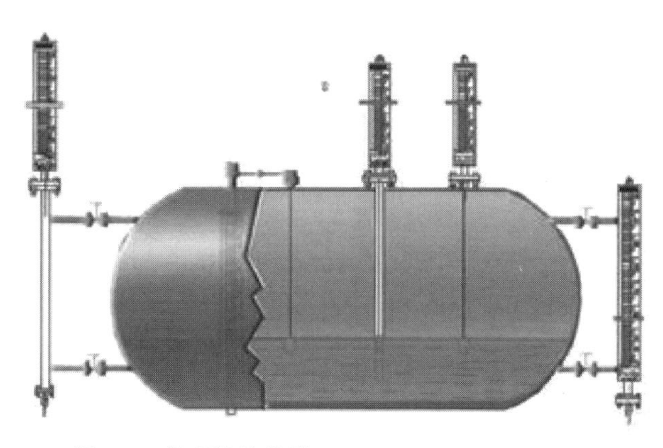

图 4-2　超声波液位计

三、液位计的应用

（1）实现储罐液位计液位连锁功能，如管理流程的连锁、控制系统操作的连锁、高低液位的安全连锁等。每个储罐均要安装高、低液位报警系统。高液位报警信号需实现与输油泵电源、阀门的连锁联动，控制室声光报警，驳船码头声光报警等功能；低液位报警信号需实现控制室声光报警和与阀门的控制连锁。

（2）通过液位仪在线监控，当发现满足设定的任一条件（切换高度、时间、收油重量、报警高度）时自动切换到下一个收储罐，并自动关闭产生报警的储罐进出阀门，同时给出声光报警指示，可自动防止溢油、浮盘落架等风险。

（3）利用计量数据在线自动比对，实现管理和控制的连锁。可实现自动计量收油（槽车、管道、油船）系统数据、发油系统数据、流量计数据并进行在线比对，当发现比对数据异常时可自动停止油泵工作。

活动二　油品温度自动化测量

在油品储罐区中，温度是计量储罐温度补偿的重要参数之一，所以温度测量非常重要，这就需要用到科学温度测量仪表，如图 4-3 所示。计量油品储罐温度，测量油品密度、体积等参数时应符合国家相关标准规定。目前，对于石油化工油品储罐温度的测量大多采用的是

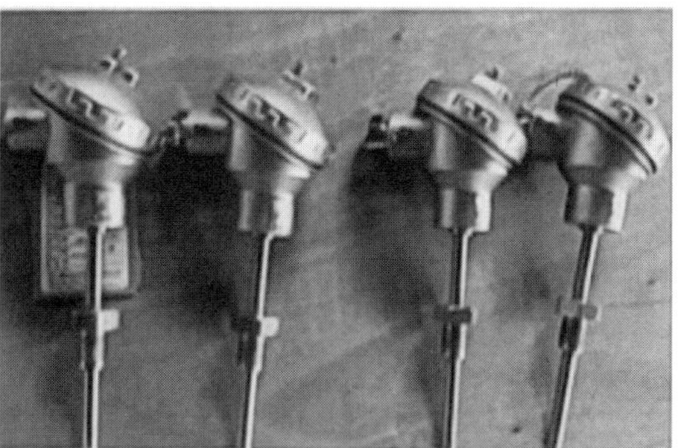

图 4-3　温度计与传感器

铂热电阻元件。采用不同温度测量元件需要参照不同的标准规范。例如，对于热敏电阻、光纤测量元件等元件在常压储罐中的使用必须要经过校准且满足标准规定才可以投入使用。某相关文献资料对计量级石油化工油品储罐温度测量仪表现场安装后精度与固有精度所允许的最大误差进行了明确规定。现场安装后精度基于质量和体积计量的最大允许误差分别为1.0℃和0.5℃，固有精度基于质量和体积计量的最大允许误差分别为5℃和0.25℃。

活动三　库存量自动化计量

根据采用的计量算法不同，下位机上传的原始计量信号会有液位、压差、密度、温度之中的一种或是几种数据。自动计量功能就是根据具体的计量算法及厂商提供的协议读取并解析这些原始数据，最后完成数据计算、图形显示、越界报警等工作。自动计量可分为单罐计量和群罐巡检。

一、单罐计量

单罐计量就是根据计算结果以图形和数据方式实时监测某个储罐的状态，并以一定的频率刷新（该频率要求可以设置）。如果有进出油，还能对进出油状态进行实时监控。对于动罐，液位、温度超过上限时，会报警并记录入库；对于不动罐，质量变动较大时，表明可能有窜油、漏油情况，这时候也会报警。进出油结束前，为了提醒用户关闭阀门，系统还会提示。报警用颜色和声音同步表示。

二、群罐巡检

群罐巡检就是以图形和数据方式同时监测油库已注册的所有储罐的实时状态。单屏界面显示的储罐数量要求可以设置，超过设置数量后，可采用分屏显示的方式。群罐巡检也是以设定的频率刷新（该频率与单罐显示的刷新频率相同），当数据越界时也是用颜色和声音同步报警，并记录入库。同样需要考虑将系统计量数据实时发布共享的数据接口。

附图 2

活动四　实时监测储罐动态并及时记录

表 4-1 为储罐自动测量参数记录动态表，罐区图可扫描二维码附图 2 查看。

表 4-1　储罐自动测量参数记录动态表

岗位:库区中控			储罐自动测量参数记录动态表											
储罐编号	物料名称	参数	年　月　日　作业时序											
成品油罐区			0:00	2:00	4:00	6:00	8:00	10:00	12:00	14:00	16:00	18:00	20:00	22:00
TQ1		温度												
		压力												
		液位												

续表

成品油罐区		0:00	2:00	4:00	6:00	8:00	10:00	12:00	14:00	16:00	18:00	20:00	22:00
TQ2	温度												
	压力												
	液位												
TQ3	温度												
	压力												
	液位												
TQ4	温度												
	压力												
	液位												
TQ5	温度												
	压力												
	液位												

一、油库自动化测量考核得分表

油库自动化测量考核得分表见表4-2。

表4-2　油库自动化测量考核得分表

步骤	考核内容及要求	评分标准	配分	得分
准备	穿好工作服，佩戴好劳动保护用品，遵守秩序，保证安全	未按规定正确穿戴工作服、劳动保护用品扣5分，不文明操作扣5分	10	
操作过程	进入储罐汽车油品装卸作业区，按照操作规程对储罐车进行接卸油操作	违反操作规程的，违反一项扣5分，造成事故不得分	30	
	按照操作规程，现场使用流量计、在线温度计、在线密度计、电液阀、恒流阀、消气过滤器、导静电设施	使用错误一项扣5分，使用过程中，由于操作错误，造成设备设施损坏的不得分	30	
	查看流量计、在线温度计、电液阀恒流阀、消气过滤器、导静电设施使用过程中是否出现故障，如有，查找原因，找到解决问题的方法	判断错误一项扣3分	20	
团队协作	团队的合作紧密，配合流畅，个人分析能力	团队合作不紧密扣5分，个人分析能力差扣5分	10	
考核结果				

续表

步骤	考核内容及要求	评分标准	配分	得分
组长签字				
实训教师签字并评价				

二、文明生产得分表

文明生产得分表见表4-3。

表4-3 文明生产得分表

序号	违规操作	考核记录	项目分值	扣分
1	按照石化行业有关安全规范,着工作服、手套,佩戴安全帽。未佩戴或佩戴不规范(安全帽未系带、工作服未系扣、外操进入装置操作时未戴手套)每项扣2.5分,扣满10分为止	时间:(　　)安全帽佩戴不规范	2.5分	
		时间:(　　)工作服穿戴不规范	2.5分	
		时间:(　　)手套佩戴不规范	2.5分	
		时间:(　　)其他配套劳保用具佩戴不规范	2.5分	
2	进入储油库操作前需提前触摸静电消除球,每次进入前未触摸扣5分,扣满20分为止	时间:(　　)未触摸静电消除球	5分	
		时间:(　　)未触摸静电消除球	5分	
		时间:(　　)未触摸静电消除球	5分	
		时间:(　　)未触摸静电消除球	5分	
3	保持现场环境整齐、清洁、有序,出现不符合文明生产的情况,每次扣10分(嬉戏,打闹,坐姿不端,乱扔废物,串岗等),扣满20分为止	时间:(　　)嬉戏,打闹,坐姿不端,乱扔废物,串岗	10分	
		时间:(　　)嬉戏,打闹,坐姿不端,乱扔废物,串岗	10分	
4	内外操记录及时、完整、规范、真实、准确,弄虚作假每次扣10分,扣满50分为止	时间:(　　)	10分	
		时间:(　　)	10分	
		时间:(　　)	10分	
		时间:(　　)	10分	
		时间:(　　)	10分	
5	考核期间出现由于操作不当引起的设备损坏、人身伤害或着火爆炸事故,考核结束不得分;出现重大失误导致任务失败,考核结束不得分	时间:(　　)安全事故	100分	
		时间:(　　)重大失误	100分	

注:文明生产考核过程中根据操作员的违规操作逐项扣除,扣满100分为止,出现安全事故或者重大失误考核立即结束;最高得分100分,最低得分0分

考评员签字: 操作员签字:	扣分合计: 得分合计:

知识一　油库自动化系统

油库自动化系统在构建内容组成方面，主要以管理层信息管理系统、自动化监控软件平台以及现场作业层为主。其中，管理层信息管理系统主要负责整理油库整体信息，完成各项决策。自动化监控软件平台主要负责完成数据采集工作、自动控制工作以及远程诊断工作。现场作业层主要负责保持系统内部各项因素平衡，如温度、液压、压力等数值始终保持在标准范围。

知识二　储罐区自动化

一、管理层

油库综合业务管理系统，以数据库、网络技术为基础，依托油库自动化子系统，面向油库日常作业，提供流程化、信息化管理手段，为油库领导及上级管理部门提供油库自动化监控信息、作业调度信息、业务管理信息的综合分析、查询功能，为油库内部管理提供更准确、有效的决策支持。通过接口与业务管理系统实现数据共享，为上级管理部门迅速掌握油库实时信息，加强检查、指导提供技术支持手段。

二、集中控制层

实施各子系统的监控管理系统，采集各子系统作业设备数据，监控管理各子系统的信息。

实施自动化监控平台，在监测现场作业设备基础上，跟踪作业流程，实现作业信息共享，作业流程关联监控，通过油库网络环境，提供油库自动化统一监控平台，满足油库集中监控的需求。在网络环境下，获取的监控系统信息支持远程数据传输，提供远程监测功能。

实施作业调度优化系统，以自动化监测系统获得的现场作业数据为依据，优化库区工艺控制流程。

三、现场自动化层

现场自动化层实现油库生产作业设备现场单点测控，包括汽车发油控制、储罐自动计量、管线工艺自动化、库区安全监控（电视监控、油气报警、智能巡检、门禁监控）等系统的现场单点测控。

知识三　装卸区自动化

一、油品装卸车系统

如图 4-4 所示，油品装卸车系统由现场控制部分和远程管理部分组成，现场控制部分使用定量装车控制仪对现场仪表进行采集和控制，远程管理部分使用工业计算机进行集中管理，构成集散式定量装车系统。

图 4-4　装卸区自动化系统

智能化无人值守系统可以通过 ERP（企业资源计划）给出的数据直接管理整个装车流程。操作人员可在现场进行参数设定、操作和监视，又可集中在调度室进行远程监控和管理，实现管控一体化。

定量装车系统采用目前国际上较为流行的集散式灌装系统，采用集中管理、分散控制的系统架构，在实现多个货位分散灌装控制的同时，将所有装车站台设备的各类数据进行集中处理。

二、货油装卸自动化系统的设计

1. 系统体系结构

货油装卸自动化系统作为油轮货油装卸的控制系统，出于安全性和高效性的考虑，主要使用 SIEMENS57-300 系列 PLC（可编程逻辑控制器）作为下位机，用以接收分布式传感器和其他控制设备的信号。上位机采取双机制，一台用于接收并处理下位机的 PLC 数据信息，并运行相应的 MCGS 组态软件的用户界面，其在系统中的总体作用是数据信息的呈现和监控。另一台用于对货油装卸系统在运行过程中运作浮态、温性和强度的计算，由两台计算机组成的控制中心能够让操作人员方便接受来自货油装卸系统各个位置的静态和动态信息。两台监控计算机之间用以太网连接，借助 TCP/IP 协议进行数据传输，在必要的情况下可以实现功能和数据的互相转换。

2. 传感器模块

传感器模块是货油装卸系统中主要的检测数据支持系统，其主要任务就是采集货油装卸过程中的液位和压力、温度等环境信息，并将采集产生的模拟信号转化为电信号，经过信号解调模块解调以后传递给下位机。其中液位传感器的主要功能是对货油舱的液位进行监测，采用的主要检测器型号为 ZW-411 型电容式液位变送器，其传送的液位变化信号将转换为国际标准的 4～20mA 电信号并传输到系统监控中心进行进一步处理。温度传感器的主要功能是对货油舱内的货油温度进行监测，因为特殊的油料产品在运输过程中要保持一定的温度环境，而且出于安全考虑对货油舱内油温的监测是十分必要的。温度传感器主要采用 Pt100 远传压力热电阻，其对液体的温度分辨率能够精确到 0.1℃，同时测量的范围涵盖－200℃～500℃，能够满足货油装卸系统的实际要求。惰性气体对油轮油料运输安全性的影响重大，所以对货油舱内惰性气体压力的监测十分必要，惰性气体的压力传感器主要功能是对货油舱内的惰性气体压力进行监测，采用的检测设备为 BP801 扩散硅压阴式压力变送器，在运行过程中能够输送 4～20mA 的国际标准信号。

3. 装油控制过程优化

货油装卸自动化系统，是贯穿货油装卸全过程的自动化系统，所以其应该具备装油过程中的优化控制能力。在货油装载过程中，随着液位接近满仓，适当降低装油速度。油轮在货油装载过程中如果以人工操作的方式来控制，货油舱的装油量很难把握，较低的装油量则会导致运输主体的利益受损，而过多的装油量则会威胁到油轮的安全，所以以货油装卸自动化系统对货油舱的装油速度进行控制是极为必要的。

储油罐作为一种最普遍的储油方式被广泛应用于石油化工行业。为保证储油罐安全问题，储油罐内的储油量必须被限制在一定的范围内，连续测量液位、数据并实时显示，因此储油罐内油量液位的测量与控制就显得尤为重要。请查阅文献，整理并对比分析常用的储油罐油量液位测量方式及其优缺点。

任务二 储油库自动化控制与管理

子任务一 储油库自动化控制

任务描述

油库自动化系统中包含诸多子系统：储罐液位监测计量系统、自动发油系统及成品油库自动报警消防系统等，该系统通过有效利用油库产业网络来实现将油库的办公区、发油区、储罐区、卸油区等各个板块有效衔接，建立一个规范的管理系统，进而实现对成品油库的全面管理自动化控制。本任务为储油库自动化控制操作。

任务目标

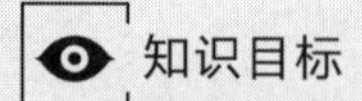

1. 学习PLC油库控制化系统。
2. 了解储罐流程自动切换操作。
3. 掌握自动化装车操作。

能力目标

1. 具备对新工艺、新设备、新技术应用与科学评价的能力。

2. 初步具有化工企业管理能力、安全生产管理能力。

3. 具有查阅本专业方向的发展动态以及技术资料的能力。

素质目标

1. 培养学生具有一定的风险分析和解决紧急问题的能力。

2. 培养学生具有自我控制和自我管理的能力。

3. 培养学生严格认真和实事求是的科学态度及严谨的工作作风。

职业技术标准

一、职业标准

《石油库设计规范》(GB 50074—2014)
《油气输送工国家职业标准》(高级工)

二、技术标准

《工业自动化仪表术语　物位仪表术语》(GB/T 38617—2020)
《工业自动化仪表　术语　温度仪表》(GB/T 25475—2010)

活动一　储罐区流程自动切换操作

一、手动操作功能

手动操作是指工艺流程中的每一个环节均可由计算机独立完成，包括对阀门、泵、搅拌器等的操作及控制。

1. 阀门的操作

用计算机控制阀门的开、关、停的操作，阀门的运行状态可以通过不同的颜色进行显示。当阀门处于现场手操状态时，计算机显示手操信号，并且设定不能通过人机界面对阀门进行控制。

2. 泵的操作

用计算机控制泵的启动、运行、停止。泵分为远传自动与就地手动，运行状态也可以通过不同的颜色进行显示。

3. 搅拌器的操作

图 4-5 油料自动控制管理系统

用计算机控制搅拌器的启动、运行、停止。搅拌器也分为远传自动与就地手动，当搅拌器运行时，设备符号是动态的。

二、自动操作功能

如图 4-5 所示，自动操作是把工艺流程中所涉及的设备全部输入，控制系统将按照设备开启的先后顺序自动执行。在运行过程中，如果检测到故障，则操作自动停止，发出报警提示，故障排除后，再重新运行。

活动二 储罐区作业密闭控制

汽油等轻质油品从储罐区装车外运时，在铁路槽车装车或汽车槽车装车期间，由于油品自身的饱和蒸气压和油品喷溅、搅动等因素，不可避免地会产生油气挥发，造成油品损耗和环境污染，危害操作人员身体健康。因此储罐区采用作业过程密闭控制。

一、储罐区作业密闭控制系统介绍

如图 4-6 所示，储罐区作业密闭控制系统由现场控制器、远程控制室操作微机、计量微

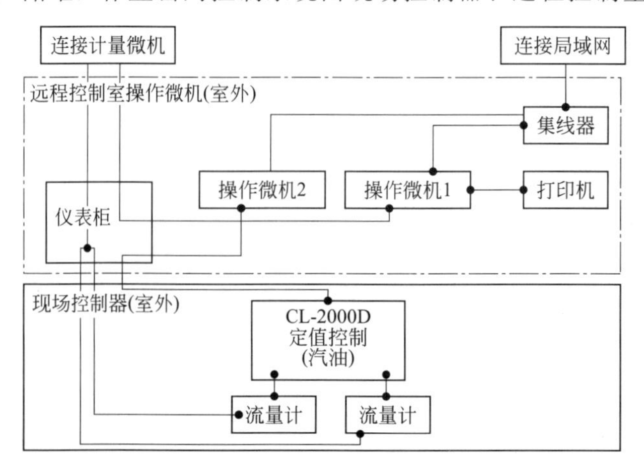

图 4-6 密闭控制系统（以汽油火车装车为例）

机和 MIS（管理信息系统）四部分组成。现场控制器负责采集现场信号、控制阀门和装油过程的自动控制；操作微机通过现场总线收集控制器数据，形成各类记录，转发操作员控制命令；通过内部局域网与计量中心计量微机相连，计量微机与厂信息网相连，并提供装油基本信息；MIS（管理信息系统）存储装油基本信息供上级管理部门查询。

二、自控装车流程

如图 4-7 所示，整个火车装车过程分为室内控制和现场控制两部分。现场控制主要通过定值控制器设定油品名称、油品密度、车型、车号、预装量等参数，设定完毕按确认键。远程控制室操作微机在录入相关参数并接到现场确认指令后，装车鹤位进入自控准装状态，自动打开现场气缸阀后，装车鹤位进入自控在装状态。现场人员在放置好鹤管后，缓慢打开手动阀门，开始装车。定值控制器通过高液位报警开关信号自动控制气缸阀的关闭，装车当实际装车量达到预装量时，阀门自动关闭，装车鹤位进入自控装完状态。现场人员关闭手动阀，整个装车作业完毕。

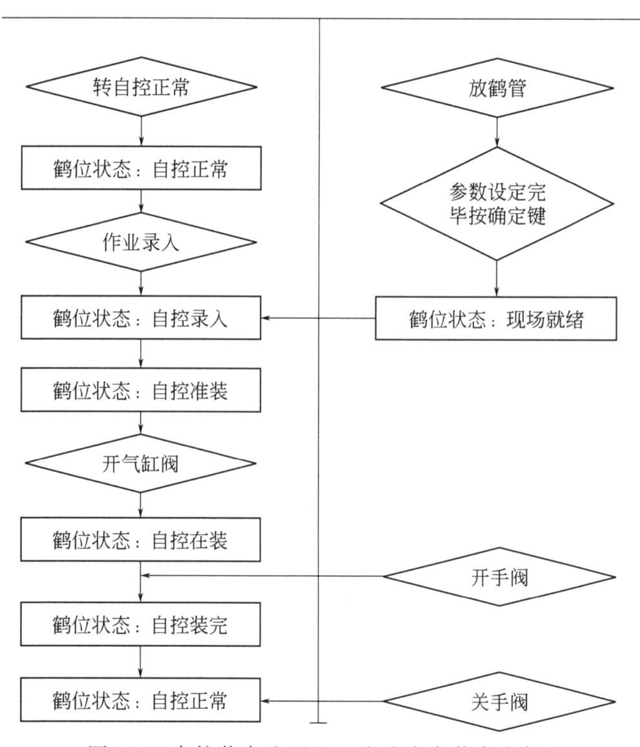

图 4-7 自控装车流程（以汽油火车装车为例）

活动三 装卸区自动化装车操作

一、填写装车通知单

装车通知单见表 4-4。

表 4-4　装车通知单

提货凭证号：　　　　　　　　　　　　　　　　　　　作业编号：NO.

日期	年　月　日	车号	
货主		货物名称及规格	
发货罐号		装车鹤位	
预设装车量/t		铅封号	
制单签名		装车工签名	

二、填写装车操作安全检查表

装车操作安全检查表见表 4-5。

表 4-5　装车操作安全检查表

车牌号码：　　　　　　　　　货物名称：　　　　　　　　　到车时间：

项目	序号	检查内容	确认
装车前	1	车辆是否已经熄火	
	2	周围 50m 内无动火作业、无泄漏事故发生及其他不适宜装车的事件发生	
	3	现场人员均按要求穿、戴好个人防护用品	
	4	静电接地是否已经接好	
	5	三角木是否已经放好	
	6	警示牌是否已经放好	
	7	车辆下卸口是否完好并已经关闭	
	8	车辆内是否有杂物，是否合格	
	9	轻落踏板是否放好	
装车中	1	车辆装车过程中或装车后是否漏油	
	2	装车控制显示流量是否正常	
装车后	1	静电接地是否已经断开	
	2	三角木是否已经撤走	
	3	警示牌是否已经拿开	
	4	车辆是否已经打好铅封	
	5	轻落踏板是否已经收回	
注意事项	1. 所列“检查内容”事项需由提、装人员共同完成。 2. 满足检查内容要求的，请在后面的“确认”栏内画√；只有当“确认”栏内全部为√时方可认定为符合要求，否则必须整改，直至符合要求。 3. 装、提人员必须认真按“检查内容”要求进行检查，并签名确认		
签名	装车人员		提货人员

一、文明生产得分表

文明生产得分表见表 4-6。

表 4-6　文明生产得分表

<table>
<tr><th>序号</th><th>违规操作</th><th>考核记录</th><th>项目分值</th><th>扣分</th></tr>
<tr><td rowspan="4">1</td><td rowspan="4">按照石化行业有关安全规范，着工作服、手套，佩戴安全帽。未佩戴或佩戴不规范（安全帽未系带、工作服未系扣、外操进入装置操作时未戴手套）每项扣 2.5 分，扣满 10 分为止</td><td>时间：(　　)安全帽佩戴不规范</td><td>2.5 分</td><td rowspan="4"></td></tr>
<tr><td>时间：(　　)工作服穿戴不规范</td><td>2.5 分</td></tr>
<tr><td>时间：(　　)手套佩戴不规范</td><td>2.5 分</td></tr>
<tr><td>时间：(　　)其他配套劳保用具佩戴不规范</td><td>2.5 分</td></tr>
<tr><td rowspan="4">2</td><td rowspan="4">进入储油库操作前需提前触摸静电消除球，每次进入前未触摸扣 5 分，扣满 20 分为止</td><td>时间：(　　)未触摸静电消除球</td><td>5 分</td><td rowspan="4"></td></tr>
<tr><td>时间：(　　)未触摸静电消除球</td><td>5 分</td></tr>
<tr><td>时间：(　　)未触摸静电消除球</td><td>5 分</td></tr>
<tr><td>时间：(　　)未触摸静电消除球</td><td>5 分</td></tr>
<tr><td rowspan="2">3</td><td rowspan="2">保持现场环境整齐、清洁、有序，出现不符合文明生产的情况，每次扣 10 分（嬉戏，打闹，坐姿不端，乱扔废物，串岗等），扣满 20 分为止</td><td>时间：(　　)嬉戏，打闹，坐姿不端，乱扔废物，串岗</td><td>10 分</td><td rowspan="2"></td></tr>
<tr><td>时间：(　　)嬉戏，打闹，坐姿不端，乱扔废物，串岗</td><td>10 分</td></tr>
<tr><td rowspan="5">4</td><td rowspan="5">内外操记录及时、完整、规范、真实、准确，弄虚作假每次扣 10 分，扣满 50 分为止</td><td>时间：(　　)</td><td>10 分</td><td rowspan="5"></td></tr>
<tr><td>时间：(　　)</td><td>10 分</td></tr>
<tr><td>时间：(　　)</td><td>10 分</td></tr>
<tr><td>时间：(　　)</td><td>10 分</td></tr>
<tr><td>时间：(　　)</td><td>10 分</td></tr>
<tr><td rowspan="2">5</td><td rowspan="2">考核期间出现由于操作不当引起的设备损坏、人身伤害或着火爆炸事故，考核结束不得分；出现重大失误导致任务失败，考核结束不得分</td><td>时间：(　　)安全事故</td><td>100 分</td><td rowspan="2"></td></tr>
<tr><td>时间：(　　)重大失误</td><td>100 分</td></tr>
<tr><td colspan="5">注：文明生产考核过程中根据操作员的违规操作逐项扣除，扣满 100 分为止，出现安全事故或者重大失误考核立即结束；最高得分 100 分，最低得分 0 分</td></tr>
<tr><td colspan="2">考评员签字：
操作员签字：</td><td colspan="3">扣分合计：
得分合计：</td></tr>
</table>

二、课堂表现得分表

课堂表现得分表见表 4-7。

表 4-7 课堂表现得分表

序号	课堂表现	任务完成情况		
		圆满达成	基本达成	未达成
1	配合教师教学活动的表现，能积极主动地与教师进行互动			
2	对课堂教学过程中出现的问题能主动思考，并使用现有知识进行解决			
3	小组讨论过程能积极参与其中，并给出建设性的意见			

知识一 PLC 油库自动控制系统

一、 PLC 油库自动控制系统简介

PLC 可编程逻辑控制器，它采用一类可编程的存储器，用于其内部存储程序，执行逻辑运算、顺序控制、定时、计数与算术操作等面向用户的指令，并通过数字或模拟式输入/输出控制各种类型的机械或生产过程。

在控制层中，主要以 PLC 可编程逻辑控制器为中心，负责对泵房设备和管道设备的实时监测控制，同时，CPU 通过 MODBUS（通信协议）通信接口将安全报警信号传送给 PLC，由 PLC 进行实时报警处理，并为今后安全连锁机制预留接口。此外，在控制层中，配置 Siemens（西门子）公司的 CPU 负责接收 ZYG-A101（电子智能液位显示仪）传送过来的储罐实时数据，进行计算后，向信息层转发储罐油位、平均温度、标准体积、质量等数据。图 4-8 为油库自动控制系统在实际生产过程中的应用。

图 4-8 油库自动控制系统应用

二、 PLC 油库自动控制系统结构

油库罐区工艺设备由储罐和管道两部分组成。储罐涉及光导液位计、Pt100 热电阻和压

力传感器等仪表；管道涉及质量流量计、温度传感器和压力传感器等仪表，这些仪表共同用来采集现场数据。同时，管道上安装泵、阀等执行机构用于工艺流程控制。采用基于可编程逻辑控制器（PLC）的测控方案，确保系统的高可靠性。采集控制层主要由现场工艺设备、仪器仪表、可编程逻辑控制器及现场总线组成，实现对油库罐区工艺和资源的测控。

知识二　储罐区自动化控制系统

1. 基础数据

储罐油品编码信息、单位编码信息、储罐和发油货位属性、设置密度、计量方式、计量单位等参数，油库自动化系统和业务管理系统信息共享，保持数据的同步更新。

2. 油库自动化系统的计量库存

油库自动化系统实时自动将各储罐计量库存的体积量和质量直接写入业务管理系统，业务管理系统中进销存报表可以直接引用储罐自动计量的库存数据。

3. 设备故障与报警信息

油库自动化系统实时自动将有关油品收发设备的故障与报警信息写入业务管理系统，业务管理系统将自动停止出现故障和报警信息的发油货位和储罐的油品收发业务。

4. 数据查询与报表

油库自动化系统和业务管理系统能够相互调用对方与油品收发和库存相关的明细数据和统计报表。

知识三　装卸区自动化控制系统

油库业务管理系统将销售、调拨、移库的发油指令直接写入油库自动化系统，油库自动化系统的自动发油系统控制微机（上位机）实时地将发油指令写入付油控制器（下位机）。图 4-9 为某油库装车台装卸区自动化控制系统的实际应用。

图 4-9　装卸区自动化控制系统应用

控制微机和发油控制器联机工作时，发油控制器的发油数据实时上传到控制微机，停止发油后，油库自动化系统自动将发油数据写入业务管理系统，从而使业务管理系统出油指令的实际发油数据得到自动确认。

针对发油控制器脱机发油异常的情况，在发油控制器与控制微机网络连通后，发油控制器自动将发油数据上传到控制微机，控制微机将发油控制器的脱机发油数据同时写入油库自动化系统和业务管理系统。

业务管理系统直接将油库的入库验收数据和进货的商品数据写入油库自动化系统，油库自动化系统可以直接调用业务管理系统的进货数据。

先进的油库自动化管理系统应该是以先进的检测仪表和控制设备为基础，以大型数据库为核心，采用先进的计算机和自动化技术，通过网络将控制系统和管理系统有机地结合起来，实现油库储运、控制、销售和管理的一体化。在目前的运营过程中，油库自动化控制及业务管理方面存在一些问题。针对实现油库信息管理现代化、自动化，提高工作效率的迫切需要，请查阅资料，提出一些切实可行的解决方案。

子任务二　储油库自动化管理

任务描述

将油库罐区、发油区、办公区等各部分网络连通，油库罐区监控系统、定量装车控制系统、手动报警系统和业务管理系统通过网络交换数据后集成，实现油库油品的集中管理，随时获取每天进出库的油品种类和数量，有利于油品的统一调配和使用。本任务为储油库自动化管理。

任务目标

知识目标

1. 了解自动化测控系统的规范使用。

2. 掌握完整的油库综合管理系统建设需要。

3. 掌握由现场信息与管理信息结合形成的管理控制系统的操作流程。

能力目标

1. 能通过各种媒体资源查找所需信息，具有自主学习新知识、新技术的能力。

2. 具有与相关公司信息系统无缝连接掌握计算机的技能。

3. 具有敏锐的观察能力、准确的判断能力及综合维修能力。

素质目标

1. 培养学生吃苦耐劳、踏实肯干的工作精神。

2. 培养学生脚踏实地的工作作风和主动、热情、耐心的服务意识。

3. 具有较强的口语、书面表达能力，人际沟通能力，团队协作能力。

职业技术标准

一、职业标准

《油气输送工国家职业标准》（高级工）

二、技术标准

《工业自动化仪表术语　物位仪表术语》（GB/T 38617—2020）

《工业自动化仪表　术语　温度仪表》（GB/T 25475—2010）

活动一　一卡通付油系统应用认知

如图 4-10 所示，IC 卡一卡通付油系统是以非接触式 IC 卡（射频卡）为介质，采用可编程逻辑控制器集中控制。PLC 通过网络接收来自油库管理信息系统下发的电子提油单进行发油控制，通过流量计、电液阀和 PLC 构成闭环控制实现定量装车，同时结合油库业务管理系统、门禁控制、货位引导等技术实现一卡通自助提油功能。

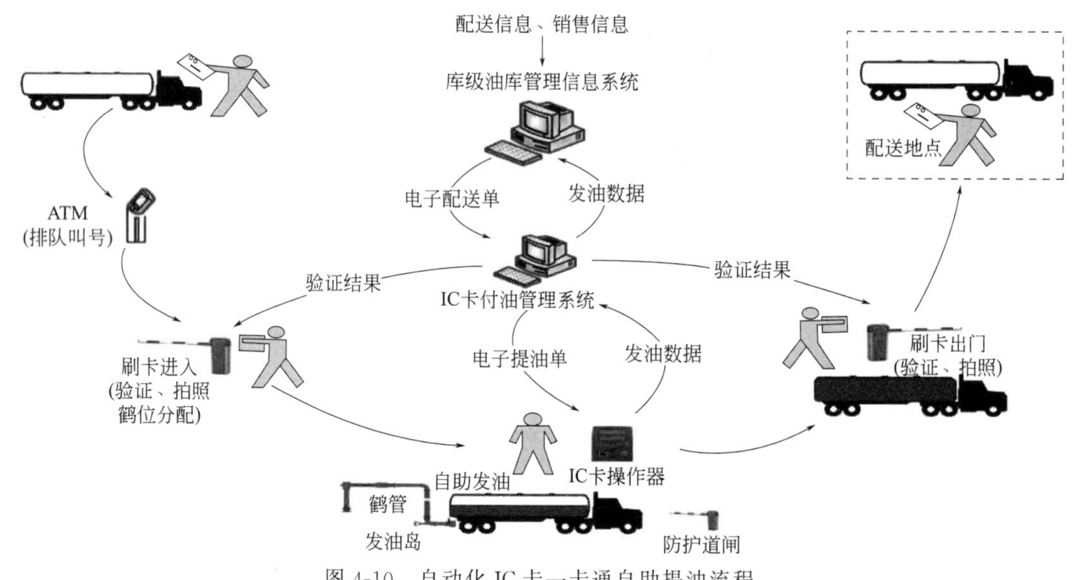

图 4-10　自动化 IC 卡一卡通自助提油流程

如图 4-11 所示，IC 卡一卡通付油系统由流量计、电液阀、IC 卡操作器、静电溢油保护器等主要现场仪表，PLC 控制器，发油监控操作站，业务管理工作站以及门禁操作站构成。

发油监控操作站一方面通过组态技术监控发油全过程，另一方面安装 IC 卡一卡通付油管理系统，用于付油日常管理，如鹤位配置、油品管理、人员管理、数据查询、报表打印等操作。

业务管理工作站通过浏览器访问库级油库管理信息系统，该系统具有安全报警连锁保护功能，发油过程中一旦出现静电溢油报警、超流速报警、超温报警、无流量报警、发油岛可燃气浓度报警、火灾报警，或者紧急停车按钮被按下时，PLC 立刻暂停发油，直至报警解除或故障排除。同时，装车防护道闸与发油鹤管、静电溢油探头、油气回收管等连接设备具有归位连锁功能，大大降低了错误操作的概率，提高了安全性能。此外，系统设有油气回收装置，实现了密闭装车，降低了能耗。

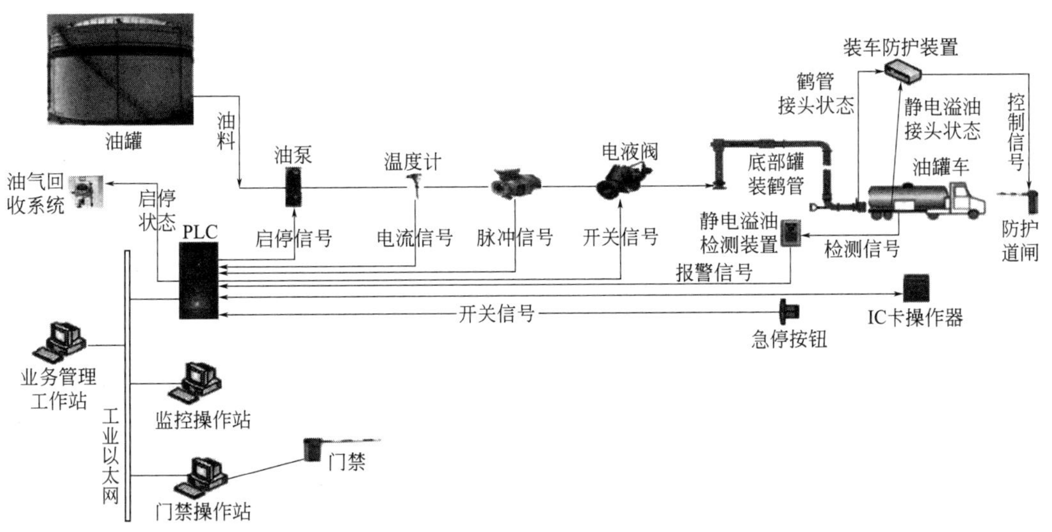

图 4-11　自动化 IC 卡一卡通付油系统构成图

活动二　储油库自动化管理记录

根据业务部传真的提单填写《出仓单》（表 4-8）。

表 4-8　出仓单

年　　月　　日　　　　　　　　　　　　　　　　　　　　NO.

货　主			提单号		
车号		发货罐		货物名称	
皮重/kg		毛重/kg		净重/kg	
秤重时间	（空）　　　/	（重）		铅封号	
备注	装车单号				

制单：　　　　　　　　　提货人：　　　　　　　　门卫核查：

填制说明：

（1）货主：按业务部传真的提单上写，特殊情况要请示。

（2）提单号：示例写法 004/001，004 为一级提单，001 为二级提单。

（3）车号：提货方车号，要与业务传真提单上注明的车号一致，但要注意填写挂车号。

（4）货物名称：连同规格一起填写。

（5）毛重：装货后质量。皮重为空车重。

（6）磅单号：过磅自动生成。

（7）铅封号：无则画一横线，有则填上号。

根据业务填写《装车统计表》（表 4-9）。

表 4-9　装车统计表

序号	日期	货名	车号	罐号	鹤位	实装量 MT	货主	提单号	出仓单号	班次	开票员	操作员
1	/											
2	/											
3	/											

续表

序号	日期	货名	车号	罐号	鹤位	实装量 MT	货主	提单号	出仓单号	班次	开票员	操作员
4	/											
5	/											
6	/											
7	/											
8	/											
9	/											
10	/											

一、文明生产得分表

文明生产得分表见表 4-10。

表 4-10　文明生产得分表

序号	违规操作	考核记录	项目分值	扣分
1	按照石化行业有关安全规范，着工作服、手套，佩戴安全帽。未佩戴或佩戴不规范(安全帽未系带、工作服未系扣、外操进入装置操作时未戴手套)每项扣 2.5 分，扣满 10 分为止	时间：(　　)安全帽佩戴不规范	2.5 分	
		时间：(　　)工作服穿戴不规范	2.5 分	
		时间：(　　)手套佩戴不规范	2.5 分	
		时间：(　　)其他配套劳保用具佩戴不规范	2.5 分	
2	进入储油库操作前需提前触摸静电消除球，每次进入前未触摸扣 5 分，扣满 20 分为止	时间：(　　)未触摸静电消除球	5 分	
		时间：(　　)未触摸静电消除球	5 分	
		时间：(　　)未触摸静电消除球	5 分	
		时间：(　　)未触摸静电消除球	5 分	
3	保持现场环境整齐、清洁、有序，出现不符合文明生产的情况，每次扣 10 分(嬉戏，打闹，坐姿不端，乱扔废物，串岗等)，扣满 20 分为止	时间：(　　)嬉戏，打闹，坐姿不端，乱扔废物，串岗	10 分	
		时间：(　　)嬉戏，打闹，坐姿不端，乱扔废物，串岗	10 分	
4	内外操记录及时、完整、规范、真实、准确，弄虚作假每次扣 10 分，扣满 50 分为止	时间：(　　)	10 分	
		时间：(　　)	10 分	
		时间：(　　)	10 分	
		时间：(　　)	10 分	
		时间：(　　)	10 分	

续表

序号	违规操作	考核记录	项目分值	扣分
5	考核期间出现由于操作不当引起的设备损坏、人身伤害或着火爆炸事故,考核结束不得分;出现重大失误导致任务失败,考核结束不得分	时间:(　　)安全事故	100 分	
		时间:(　　)重大失误	100 分	
注:文明生产考核过程中根据操作员的违规操作逐项扣除,扣满 100 分为止,出现安全事故或者重大失误考核立即结束;最高得分 100 分,最低得分 0 分				
考评员签字: 操作员签字:		扣分合计: 得分合计:		

二、课堂表现得分表

课堂表现得分表见表 4-11。

表 4-11　课堂表现得分表

序号	课堂表现	圆满达成	基本达成	未达成
1	配合教师教学活动的表现,能积极主动地与教师进行互动			
2	对课堂教学过程中出现的问题能主动思考,并使用现有知识进行解决			
3	小组讨论过程能积极参与其中,并给出建设性的意见			

知识一　可燃气体报警系统

如图 4-12 所示,可燃气体报警器即气体泄漏检测报警器,是区域安全监视器中的一种预防性报警器。当工业环境中可燃气体报警器检测到可燃气体浓度达到爆炸下限或上限的临界点时,可燃气体报警器就会发出报警信号,以提醒工作人员采取安全措施,并驱动排风、切断、喷淋系统,防止发生爆炸、火灾、中毒事故,从而保障安全生产。在工业大规模使用管道煤气的生产线上可能发生煤气泄漏或不完全燃烧的位置安装气体报警器,并通过输出端引出报警脉冲信号联网进入中央控制室,控制室中有集中指示警报部分,可分段或分点显示报警点,并可在指示警报单元上以红色柱状图表显示器定量显示报警浓度。这种可燃气体报警系统可广泛应用于可燃气体(人工煤气、液化石油气、天然气等)的制造、储藏,工矿企业的消防设施。

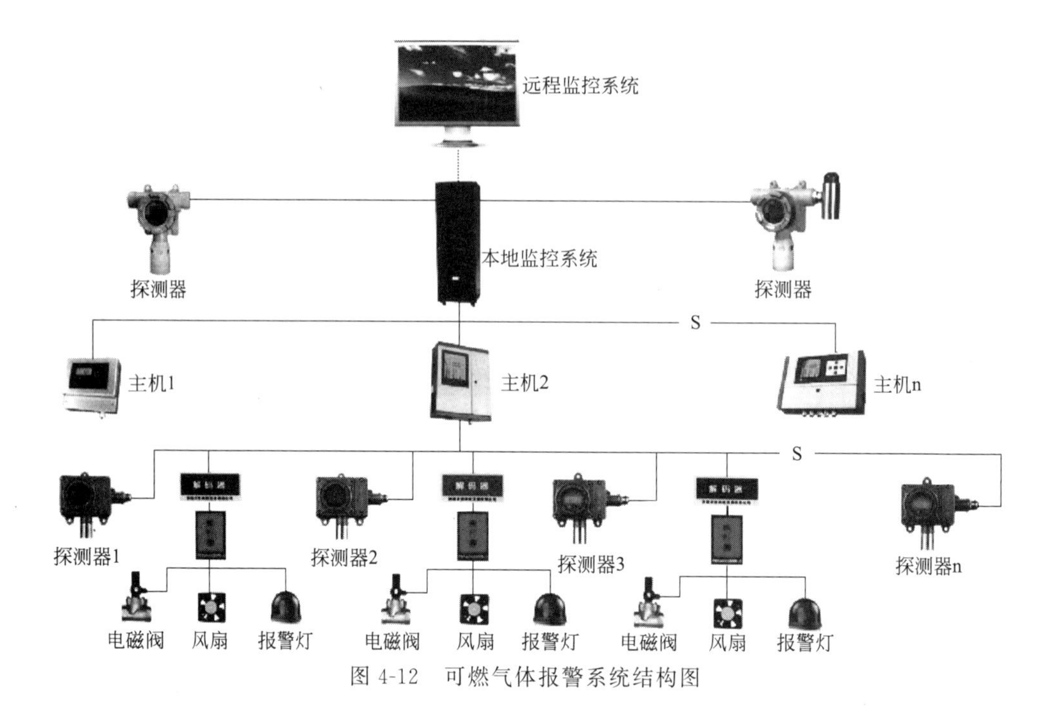

图 4-12　可燃气体报警系统结构图

知识二　消防系统

在消防泵房、消防管道环网和上罐管道配置三级电动蝶阀，消防泵和电动阀通过 PLC 实现远程自动启停。此外，针对每一个单罐，在 PLC 中编制自动喷淋降温作业预案和自动泡沫灭火作业预案。在紧急情况下，可以在中控室消防操作站一键调用消防作业预案，快速进行喷淋和灭火作业。消防系统逻辑图见图 4-13。

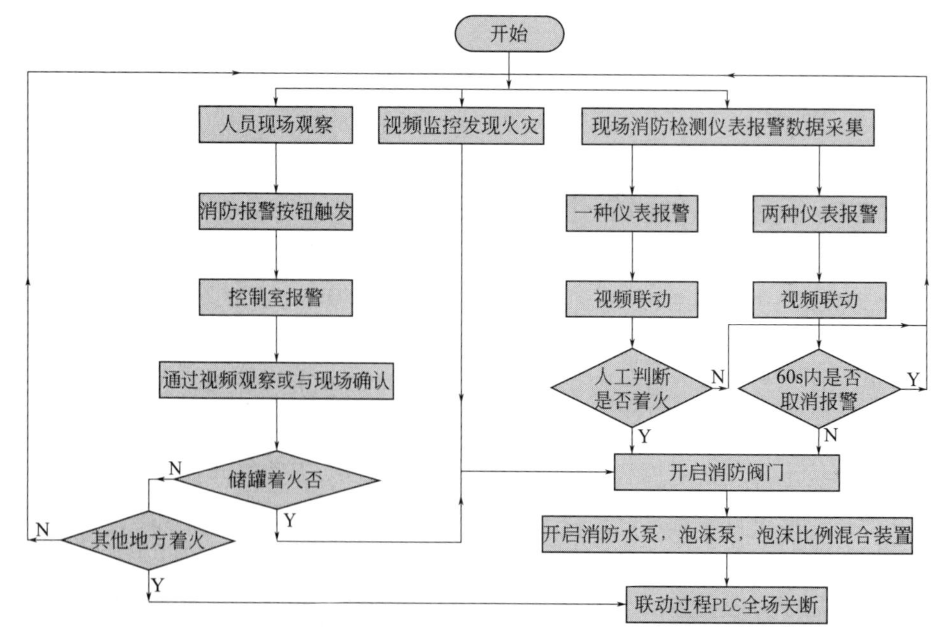

图 4-13　消防系统逻辑图

知识三　储罐计量监控系统

目前，油库油罐通常采用伺服液位仪，温度变送器和差压变送器预先就地接入液位仪，再通过 RS485 总线接入计量操作站，实现油罐液位、温度、差压数据的实时采集，从而计算得到罐内油品体积、密度和质量，同时通过以太网上传至油库管理信息系统。油罐液位高低开关一般采用可靠性较高的音叉开关，信号直接接入 PLC 中，并与该油罐的收发油作业连锁，实现通过液位高报警以及连锁停止该油罐的收发油作业，同时联动对应的摄像机对该罐进行录像，如图 4-14 所示。

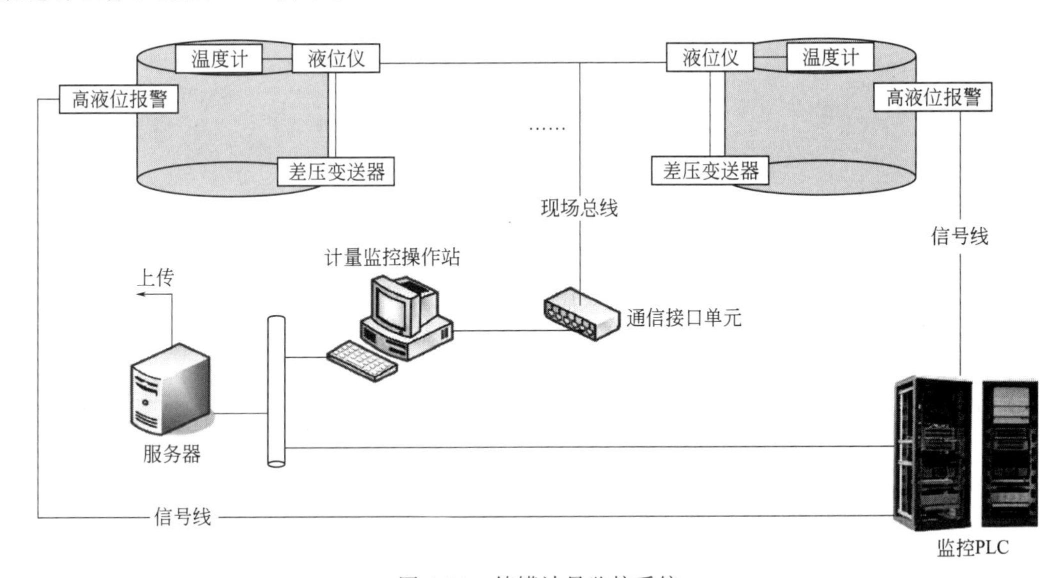

图 4-14　储罐计量监控系统

知识四　安防监控系统

安防监控系统包括可燃气体监测、火灾报警、电子巡更、视频监控、周界防范 5 个子系统。各个子系统通过串口服务器接入以太网，安防监控操作站通过以太网访问各子系统，同时通过接口服务程序将数据上传至油库管理信息系统。当出现可燃气体或火灾报警时，安防监控操作站自动弹出报警提示，联动相关摄像机进行录像，同时联动 PLC 暂停相关作业，见图 4-15。

知识五　视频监控系统

在发油区、罐区、营业室、消防泵房、计量间、停车场等现场安装摄像机，各摄像机利用光缆将视频信号传送至中控室，通过光电转换模块转换为以太网信号接入视频流媒体服务器。视频信号通过以太网上传至油库管理信息系统和公司视频监控中心，见图 4-16。

油库罐区监控自动化系统，主要监测和控制的设备为：储罐、油泵、管道、油阀和油料

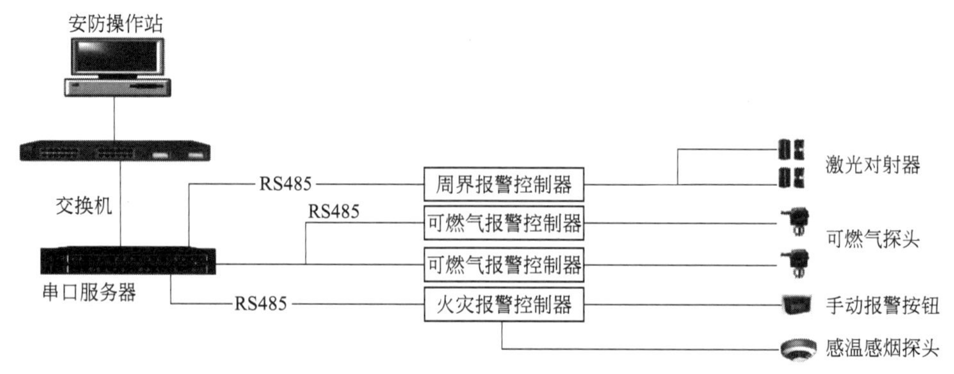

图 4-15　自动化安防监控系统结构图

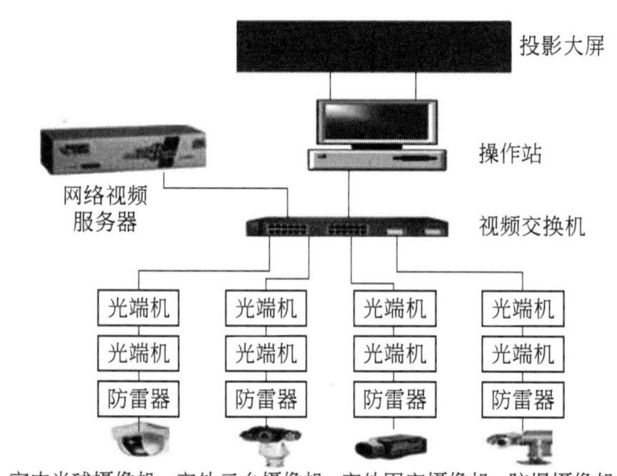

图 4-16　自动化视频监控系统拓扑图

计量设备。监测所有油罐，进行数据交换和操作，收发操作数据由油料收发工作站通过已有的光缆发送到罐区监测服务器进行数据存储和处理。对于泵房油泵设备以及对于油路管道上的油阀，通过专门配置的变送器或执行机构进行监测和控制。

知识六　作业优化调度系统

作业优化调度系统以视频监控平台、卡口综合应用平台、PGIS 平台、大情报平台、数据共享平台、勤务平台等为核心基础平台。在核心基础平台的支撑下，基于基础数据库、预案库、历史数据库、现场实时态势等数据，实现“以数据信息为基础，以指挥调度为核心，以决策指挥为目标”的系统构建。为作业危害辨识和风险评估提供操作技术参考，系统地识别作业过程中潜在的风险和指导作业风险的有效控制。

作业危害：可能导致伤害或疾病、财产损失、工作环境破坏或这些情况组合的条件或行为。

作业风险：某一特定危害可能造成损失或损害的潜在性变成现实的机会，通常表现为某一特定危险情况发生的可能性和后果的组合。

风险评估：辨识危害引发特定事件的可能性、暴露和产生结果的严重度，并将现有风险水平与规定的标准、目标风险水平进行比较，确定风险是否可以在容忍的范围内。区域内部风险评估是对作业的危害辨识与风险评估，主要针对作业任务执行过程进行，目的是掌握危害因素在各工种的分布以及各工种面临风险的大小。

在广泛使用智能仪表基础上，通过建设先进、可靠的自动化系统，建立完备的信息管理系统，实现数据自动实时采集，建立统一的实时数据中心。随着自动化程度越来越高，控制模式向集成式控制模式发展，建设统一的综合信息平台和以实时数据库为基础的集成数据平台，使油库建设向智能化发展。请查阅文献，撰写油库自动计量及管理控制系统应用现状调查。

参考文献

[1] 刘坤，王晓涛.油气储存与销售［M].2版•富媒体.北京：石油工业出版社，2019.

[2] 王蕊.油库设备使用与维护［M].北京：化学工业出版社，2014.

[3] 李迎旭.油品装卸［M].北京：化学工业出版社，2014.

[4] 中国石油天然气股份有限公司炼油与销售分公司.石油库管理制度汇编：第三册.检修规程.2000.

[5] 《油库技术与管理手册》编写组.油库技术与管理手册［M].上海：上海科学技术出版社，1997.

[6] 李征西，徐思文.油品储运设计手册.北京：石油工业出版社，1997.

[7] 潘长满，王舒扬.油品计量.北京：化学工业出版社，2012.

[8] 付石，谢海林.油库自动化系统应用现状［J].油气储运，2013，32（3）：252-256.

[9] 刘佳佳.JN成品油库自动化管理系统的建设研究［D].吉林：吉林大学，2018.

[10] 李永明，李艳钊，刘勇，等.成品油油库自动化管理系统技术方案［J].中国勘察设计，2006（10）：66-68.

[11] 李鑫.大型油库自动化消防系统设计［D].陕西：西安大学，2016.

[12] 陈泽康.关于某油库自动化方案的应用研究［J].自动化博览，2013（12）：90-91.

[13] 周兴伟.油库自动化发油管理系统的研究［D].重庆：重庆大学，2018.

[14] 朱凌云，孟彦涛.油库自动化发展趋势［J].石油库与加油站，2013，22（05）：14-17.

[15] 周贵勇.油库自动化管理系统的关键技术研究及应用［D].重庆：重庆大学，2018.

[16] 王冲.油库自动化管理系统设计与实现［D].四川：电子科技大学，2013.

[17] 沙云霞，费达.油库自动计量及管理控制系统［J].中国油脂，2003，28（01）：69-71.